"十四五"时期国家重点出版物出版专项规划项目

中国城乡可持续建设文库

丛书主编 孟建民 李保峰

北京建筑大学
教材建设项目资助出版

U0183691

Green Reconstruction Mechanism and Planning Design of
Old Industrial Structures

旧工业构筑物
绿色重构机理与规划设计

李 勤 李文龙 李海龙 陈尼京 余传婷 著

华中科技大学出版社
http://press.hust.edu.cn
中国·武汉

图书在版编目(CIP)数据

旧工业构筑物绿色重构机理与规划设计/李勤等著.—武汉:华中科技大学出版社,2024.1
(中国城乡可持续建设文库)
ISBN 978-7-5772-0207-5

Ⅰ.①旧… Ⅱ.①李… Ⅲ.①旧建筑物—工业建筑—旧房改造—建筑设计
Ⅳ.①TU746.3

中国国家版本馆 CIP 数据核字(2023)第 240230 号

旧工业构筑物绿色重构机理与规划设计   李 勤 等 著

Jiugongye Gouzhuwu Lüse Chonggou Jili yu Guihua Sheji

策划编辑:刘 卉 简晓思
责任编辑:简晓思
封面设计:王 娜
责任校对:刘小雨
责任监印:朱 玢
出版发行:华中科技大学出版社(中国·武汉)　　电话:(027)81321913
　　　　　武汉市东湖新技术开发区华工科技园　　邮编:430223
录　排:武汉正风天下文化发展有限公司
印　刷:湖北新华印务有限公司
开　本:710mm×1000mm　1/16
印　张:15
字　数:285 千字
版　次:2024 年 1 月第 1 版第 1 次印刷
定　价:98.00 元

编写(调研)组成员

组　长:李　勤
副组长:李文龙　　李海龙　　陈尼京　　余传婷
成　员:刘怡君　　都　晗　　王梦钰　　张家伟　　王锦烨
　　　　吕双宁　　彭绍民　　鄂天畅　　代宗育　　武仲豪
　　　　闫永强　　周　帆　　崔　凯　　邱　巍　　孟　海
　　　　陈　旭　　武　乾　　杨战军　　赵向东　　刚家斌
　　　　周崇刚　　盛金喜　　陈亚斌　　贾丽欣　　田　卫
　　　　张　扬　　裴兴旺　　张广敏　　郭海东　　王孙梦
　　　　郭　平　　柴　庆　　王　莉　　华　珊　　陈　博
　　　　王　楠　　万婷婷　　李慧民　　钟兴润　　刘慧军
　　　　高明哲　　胡　鑫

内容简介

　　本书全面、系统地论述了旧工业构筑物绿色重构机理与规划设计的主要内容。全书包括机理和规划设计两篇。第一篇共 5 章，分别从基础知识、基本理论、价值分析、模式类型和设计策略五个方面阐述了旧工业构筑物绿色重构机理的内涵；第二篇共 7 章，通过不同的案例展示了旧工业构筑物绿色重构规划设计的探索和应用。

　　本书可作为高等院校城乡规划、建筑学、土木工程、工程管理等专业的参考用书，也可作为从事相关领域的工程技术人员的参考用书。

前　言

　　本书以"旧工业构筑物绿色重构"为对象，对旧工业构筑物绿色重构机理和规划设计两个方面的内容进行深入剖析和论述，旨在为旧工业构筑物绿色重构的健康发展与推广应用提供参考和借鉴。全书分为两篇，第一篇为旧工业构筑物绿色重构机理，其中第 1 章从基本概念、政策法规、发展现状等方面阐述了旧工业构筑物绿色重构的基础知识；第 2 章从城市更新、存量规划、绿色建筑、空间共生和可持续发展等理论视角介绍了旧工业构筑物绿色重构的基本理论；第 3 章从技术价值、经济价值、社会价值、生态价值、美学价值等方面开展了旧工业构筑物绿色重构的价值分析；第 4 章从办公模式、商业模式、居住模式、文体模式和景观模式等方面介绍了旧工业构筑物绿色重构的模式类型；第 5 章从空间重构、立面处理、结构改造、生态节能和细节处理等方面阐述了旧工业构筑物绿色重构的设计策略。第二篇为旧工业构筑物绿色重构规划设计，分别以筒仓、烟囱、冷却塔、栈桥等旧工业构筑物为例，展示了旧工业构筑物绿色重构规划设计的探索和应用。全书内容丰富，逻辑性强，由浅入深，便于操作，具有较强的实用性。

　　本书由李勤、李文龙、李海龙、陈尼京、余传婷撰写。第一篇编写分工：第 1 章由李勤、陈尼京、李文龙撰写；第 2 章由李海龙、王梦钰、王锦烨、余传婷撰写；第 3 章由刘怡君、张家伟、余传婷撰写；第 4 章由李文龙、都晗、吕双宁撰写；第 5 章由李勤、彭绍民、余传婷、刘怡君撰写。第二篇由李勤、李文龙、刘怡君、李海龙、陈尼京、都晗、王梦钰、张家伟、吕双宁、余传婷、彭绍民、王锦烨、鄂天畅、代宗育、武仲豪、闫永强等撰写。

　　本书的撰写和出版得到了北京建筑大学教材建设项目（批准号：C2302）、北京市高等教育学会 2022 年课题"促进首都功能核心区高质量发展的城市更新课题教研协同发展优化研究"（批准号：MS2022276）、北京市教育科学"十三五"规划课题

"共生理念在历史街区保护规划设计课程中的实践研究"（批准号：CDDB19167）以及中国建设教育协会课题"文脉传承在'老城街区保护规划课程'中的实践研究"（批准号：2019061）的支持。

此外，本书的撰写还得到了北京建筑大学、西安建筑科技大学、中冶建筑研究总院有限公司、西安建筑科大工程技术有限公司、中策北方工程咨询有限公司、柞水金山水休闲养老有限责任公司、西安建筑科技大学华清学院、西安市住房和城乡建设局、西安华清科教产业（集团）有限公司等的大力支持与帮助。同时在撰写过程中还参考了许多专家和学者的有关研究成果及文献资料，在此一并向他们表示衷心的感谢！

由于作者水平有限，书中不足之处，敬请广大读者批评指正。

作者

2023 年 12 月

目　录

第二篇　旧工业构筑物绿色重构规划设计

第一篇

旧工业构筑物绿色重构机理

旧工业构筑物绿色重构基础知识

1.1 基 本 概 念

1.1.1 旧工业构筑物

1. 相关概念

工业构筑物通常是指为工业生产服务的工程实体或者附属设施，人们往往不直接在其内部进行生产活动，但它却是工业生产中不可或缺的生产要素。常见的工业构筑物有船坞码头、筒仓、水塔、吊车、烟囱、井架、栈桥、冷却塔等。本书中的旧工业构筑物主要指目前处于闲置或废弃状态的工业构筑物。

对于不同的工业产业和生产工艺流程，旧工业构筑物的形式是多种多样的，并且由于旧工业构筑物不以形成特定空间为目的，因此它们与旧工业建筑在造型、空间、结构等特征上有着明显的差异。

2. 基本类型

1）按使用状况划分

旧工业构筑物根据是否承重可分为工业构架、工业设备和工业设施。工业构架指的是支撑大体量工业设备的构件，一般指用来辅助工艺流程的连续性支架，其突出特点是结构比较坚固，空间可以进行分隔，可塑性和可生长性很强。工业设备包括工业管道、焦化设备等机械设备，一般置于工业构架上，形状比较奇特。一般来说，工业构架和工业设备以组合形式出现，这样的组合为改造带来了很大难度，但它们也可以共同展示工业文明，为展示工艺流线创造了条件。工业设施包含水塔、烟囱、堤坝等工业辅助设施，出现形式相对独立。

2）按平面形态划分

旧工业构筑物根据平面形态可分为点状旧工业构筑物、路径线状旧工业构筑物、区域面状旧工业构筑物。点状旧工业构筑物有筒仓、高塔、烟囱、蒸汽机等。路径线状旧工业构筑物有火车轨道、传送带、传输管道等。区域面状旧工业构筑物有烧结处、啤酒发酵群仓、焦化设备等。

3）按室内外划分

旧工业构筑物根据室内外可划分为环境中独立的构筑物和空间中的限定要素两种。

环境中独立的构筑物是指生产过程中有工艺性质的构筑物。这种构筑物是流水线上的一个环节，而不是让人们在其中开展生产活动的建筑结构，比如水塔、烟囱、栈桥、筒仓、堤坝和蓄水池等，大多在厂区内以独立的形式存在。环境中独立的构筑物是不能随意移动的，并且常因特殊的造型而成为区域的标志性构件。又因为部分环境中独立的构筑物结构比较坚固、内部空间宽敞，所以在改造再利用时可以植入新的功能属性，拥有很强的改造普适性。

空间中的限定要素指的是工艺环节需要的空间配置，也就是特定的空间序列或交通组织中特殊的实体节点，比如防火墙（分隔空间）、楼梯（流水线）、操作平台、地道等。空间中的限定要素类似于建筑结构，它是为了给生产活动配置相应空间而存在的。在改造再利用时，剔除生产功能以后，它本来的作用也消失了，所以它容易被忽视和拆除，但因为它与建筑和空间的联系密切，所以它的保留和改造利用操作性更强。

4）按不同行业类型划分

旧工业构筑物根据不同行业类型可分为交通运输类、工业生产类、仓储类、其他类等。其中，交通运输类旧工业构筑物主要包括铁路轨道、栈桥、桥梁等。工业生产类旧工业构筑物主要包括煤矿、采矿、纺织类等。仓储类旧工业构筑物主要包括煤气罐、料仓、水塔、蓄水池等。

旧工业构筑物分类方式如图 1-1 所示。

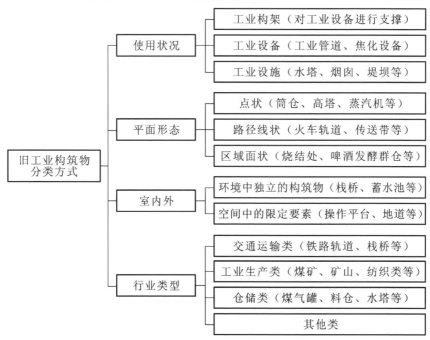

图 1-1　旧工业构筑物分类方式

3. 特征分析

旧工业构筑物较旧工业建筑来说，功能更为单一，形象特点更明晰，在特定的工业场景中具有更明显的视觉焦点特征，往往能成为某一工业场景中的象征性标记，能够保留鲜明的工业意象，延续集体记忆。对于现有旧工业构筑物资源的再利用，可缓解新建建筑在资源上的耗费，较为环保，有利于可持续发展。

旧工业构筑物空间形态的多样性来源于工业产业类型分化导致的工艺多样性。作为工业生产工艺、流程中的一部分，工业构筑物为满足生产机器、设备或特殊工艺的要求，往往体现出不同于一般建筑的尺度或者特殊形态。得益于此类工业构筑物空间自由且非常规性的特点，空间的再生具有多种可能性。

旧工业构筑物的空间特点总结如下。

1）高耸

旧工业构筑物中作为工艺流程中的独立部分，在竖向空间上大都体现出高耸、大体量的特点，常常会作为标志性地景加以保留，例如烟囱、水塔、筒仓等。

2）封闭或开敞

有一类构筑物由于工艺要求，对于人员进出具有较为严格的限制，从而导致有限空间的产生，此类构筑物在空间上具有较大的封闭性特点。还有一类开敞的构筑物则是实现整体工艺流程用以连接或支撑的大型支架，其生长性较强，例如塔吊、输电架、钢铁架构等。

3）空间完整

以生产为目的的旧工业构筑物大都内部空间完整，在空间的可塑性上有着先天的优势。根据不同的改造再生要求，对其内部空间既可完全保留，也可进行自由分割。

4）真实反映结构

形式追随功能兴起于现代主义，这也成为旧工业构筑物最为显著的特点，与此同时，结构在旧工业构筑物中的表现也不断凸显。折板式的屋顶、暴露在外的桁架结构、连接处裸露的铆钉等，这些都是旧工业构筑物独特的历史印记，是工业美学的特征在空间形态与结构造型上的真实反映。

5）面积较小

旧工业构筑物一般作为设备、设施等满足生产工艺要求，和厂房相比，旧工业构筑物往往可利用的面积较小，其外部空间也多变复杂，通常作为生产服务检视、维修的操作平台。面积小的劣势导致旧工业构筑物可改造的功能受限，但其常具有浓郁的工业风，极具标志性。

6）造型的独特性

旧工业构筑物一般平面比较规整，立面也完整简洁。因为工艺程序的复杂性和特殊性，旧工业构筑物的立面形式一般很丰富，能很好地体现工业文明的特征。

7）空间上的群组性

旧工业构筑物通常规模很大，但因为其工艺程序的复杂性，单一的生产设备无法支撑一个完整的工业活动，所以它们一般以建筑组群的形式出现。

8）改造上的不可逆转性

工业构筑物大多数体量较大，改造再利用的可塑性很强，但由于空间的限制和组群之间联系的紧密性，改造上存在一定困难。而且一旦将其进行改造利用，会对它原先的机理造成一定程度的影响，使其改造变为不可逆转。

9）技术状况参差不齐

旧工业构筑物技术状况是指其在安全性、适用性、耐久性方面的基本状况。它与设计、施工、使用密切相关，受各建设时期的经济形势、技术水平及后期使用状况、管理水平、技术改造等多种因素制约。技术状况优劣的主要标志是结构是否存在缺陷隐患、可靠性是否满足现行规范要求等。全面掌握旧工业构筑物技术状况，对于正确评估、分析、改造以及制定管理方针和政策十分重要。

1.1.2　绿色重构

1. 绿色重构的概念

1）空间重构

空间是容纳各种物质元素的实体，各种事物都依赖于空间而存在。重构是一个系统性的概念，是指对系统中已经出现变化且不能继续按照原有的模式进行运作的要素进行重新构建，使其满足发展需求。

空间重构其实是一种改变既往事物发展轨迹，通过重新构建再次实现目标可持续发展的手段。空间重构在旧工业构筑物方面的应用主要是通过空间重新组织的方式，提高其设计的合理性、使用的经济性。

2）绿色建筑

绿色建筑是在建筑的全寿命周期内，最大限度地节约资源（节能、节地、节水、节材）、保护环境和减少污染，为人们提供健康、适用和高效的使用空间，与自然和谐共生的建筑，即"四节一环保"建筑。绿色建筑是当前世界建筑业发展的趋势，发展绿色建筑事业是推动我国节能减排、保护环境、改善民生、培育新兴产业、加快城乡建设模式和建筑业发展方式转变、促进生态文明建设的重大举措。

3）绿色重构

绿色重构即通过对旧工业构筑物的改造，在既有基础上将资源、环境等因素纳入重构系统之中，以环境性能作为设计的目标和出发点，力求对环境的影响最小，在为人们提供高效、舒适空间的同时，又与自然和谐共生，兼顾生态效益与经济效益，实现可持续发展。

2. 绿色重构的内涵

"绿色"本指颜色，象征植物或环境保护，代表生机、希望。"重构"是采用维护、更新、加固等手段对旧工业构筑物加以修改或变更。"绿色重构"是以使用功能提升、资源节约和环境友好为目标的改造活动，充分利用旧工业构筑物自身条件和人工手段，通过多种措施实现构筑物的再利用，同时不对自然环境造成影响和破坏，创造健康舒适的使用环境。

相较于普通的改造，绿色重构更加全面、系统，更加强调在提高实用性的同时，节约资源并尽量减少对环境的影响和破坏。绿色重构利用天然条件和人工手段，改善人居环境，追求人和自然的和谐共生。可以说，绿色重构是传统改造更新的深化。

3. 绿色重构的目标

1）适用的空间功能

旧工业构筑物的空间设计总是围绕着功能展开的，要求节约资源和保护环境并不意味着减少功能需求。绿色重构是基于生命周期理论展开的，目的是优化空间的性能，突出绿色空间的复合性、适用性、灵活性、可扩展性和适应性，从而实现更长的使用寿命和更高的使用效率。

2）舒适健康的环境

舒适健康的环境是指声环境、热环境、光环境和通风条件符合一定标准，同时满足人们的使用需求和心理需求的环境。造成室内外污染的主要原因有物理污染、化学污染、生物污染和放射性污染。物理污染主要包括可吸入颗粒物、浮尘、高温或低温、噪声、光等污染；化学污染主要包括甲醛、苯、一氧化碳、挥发性有机物、二氧化硫、二氧化氮等污染；生物污染主要包括细菌污染；放射性污染主要包括石材放射性、电磁辐射等污染。进行改造时，应对现有的环境进行评估，对已有污染进行生态修复，并选择环保材料进行建造，尽量保障使用空间日照充足和通风良好。

3）全寿命周期的资源节约

从最初的规划设计到建造、运营管理到拆除和废弃，旧工业构筑物的使用形成了一个完整的生命周期，与自然生态系统交换能量、物质和信息，是动态平衡的体现。绿色重构的目标就是考虑人们的生活质量和对自然环境的保护，实现构筑物、人与自然的和谐，达到可持续发展的战略目标。

1.1.3 旧工业构筑物绿色重构

1. 旧工业构筑物绿色重构的概念

旧工业构筑物绿色重构是在考虑既有资源、环境因素的基础上，对已建成的旧工业构筑物再次进行开发，使之能够被再次利用，在保留其历史社会价值的同时赋予其新的使用功能，使其适应新的生产生活需求，实现建筑的新生。

2. 旧工业构筑物绿色重构的原则

1）可持续发展原则

可持续发展战略已经成为国际会议的重要内容，成为人类进入 21 世纪的行动纲领。旧工业构筑物绿色重构设计是建筑领域的可持续发展之路，需要注意的首先是对旧工业构筑物绿色重构后周期的掌控，避免重构后因构筑物寿命短而产生二次经济损失和对环境的污染；其次是对原有资源采取循环利用，可以有效地减少建设中和建设后对环境的污染。绿色重构作为旧工业构筑物继续使用的一种手段，能有效地延长其生命。

2）适宜性保留原则

野蛮的拆除重建和保守的复制式保护都不是旧工业构筑物绿色重构的理想方式，适宜性的保护和改造才是绿色重构最基本的原则。适宜性保留是指旧工业构筑物应该有机更新，采用合适的尺度和规模，对改造对象所处的环境、现在和未来的发展关系等方面进行改造和保留。适宜性保留应包括功能空间的适宜性保留，文化历史的适宜性保留，已有空间、形式、材料的适宜性保留等。

3）多元化发展原则

随着现代主义设计实践的积累、建筑设计技术的日新月异、市场需求的转变、开放的环境对各种文化包容性的增强等，多元化发展在旧工业构筑物设计中也越来越多见。这就要求旧工业构筑物绿色重构也要紧跟时代的步伐，顺应时代的发展要求，而且重构模式也要多元化。

多元化的设计不仅为旧工业构筑物自身的绿色重构带来益处，而且对其周边的环境和交通条件的改善同样起到推动作用。不局限、不单一的设计模式能让旧工业构筑物再生设计成更多的建筑类型，不仅能提高人们的生活质量，还对城市更新起到促进作用。

4）生态性改造原则

如果将旧工业构筑物视为具有内部自循环功能的生态系统，那么这个系统可以有序地组织旧工业构筑物运转，形成生态平衡的使用环境，这里的生态强调的是旧工业构筑物材料、建造技术及设计手法的革命性转变，包括巧妙地利用自然材料、无污染材料、高效节能环保的生态建造手段等。

旧工业构筑物绿色重构应以生态性再生为原则，还包含经济的合理性与技术的适宜性，节能、低碳、环保和低费用将会成为今后旧工业构筑物重构的整体趋势，可以使改造后的建筑更节能、更实用、更舒适。

5）历史性与现代性兼顾原则

旧工业构筑物绿色重构不是越新越好，更不应被理解为建旧如旧，重点在于构筑物绿色重构后所要传达的信息，是否让其生命以及所承载的历史信息得到真正意义上的延续，是否实现了适当的与时俱进的形式。这就要求旧工业构筑物绿色重构既应有历史、文化部分的传承，又该有创新部分的诞生。

旧工业构筑物绿色重构对于构筑物历史性与现代性的融合与表达是一个很好的契机，在重构设计中要遵循历史性与现代性兼顾原则，做到恰到好处地保留和时代信息的渗入，重视再生的旧工业构筑物对城市乃至国家的历史和文化的承载作用。

1.2 政策法规

1.2.1 城市更新

1. 发展方向与目标

2020 年，《中共中央关于制定国民经济和社会发展第十四个五年规划和二〇三五年远景目标的建议》中强调了"实施城市更新行动"。2021 年全国两会，城市更新首次被写入政府工作报告。《中华人民共和国国民经济和社会发展第十四个五年规划和 2035 年远景目标纲要》中也提出将实施城市更新行动，推动城市空间结构优化和品质提升。由此可见，城市更新已升级为国家战略。

城市更新行动涉及老旧小区、老旧厂区、老旧街区等存量片区的功能提升和老旧建筑的改造，以提升人居环境水平为目标，保护和延续城市文脉，杜绝大拆大建，让城市留下记忆、让居民记住乡愁。城市更新发展方向与目标主要体现在以下四个方面。

1）社会、经济等宏观问题被普遍重视

城市更新开始立足区域和城市整体上，注重利用国家和地方政府政策来促进城市经济增长和环境改善，从激进的"外科手术"方式转向逐步的渐进方式，注重机能的改善，为低收入者提供帮助，更关心社会和经济结构的变化，使城市更新内涵更为宏观。

2）注重调控作用

城市没有终极状态，城市更新是一个过程，其强调"控制"的功能，提出的规划方案应具有"弹性"，规划实践更趋向于协调，调控机制与措施成为城市更新的重要手段之一。一个城市的规划调控能力，已成为城市整体逐步更新的保障。

3）规划过程公开化

现代城市更新在方法和观念上与过去有根本区别，它的发展变化逐步趋向社会化，更需全社会的配合来实现。这种社会化过程的显著特点是进行规划公开化，取得公众"共识"的重要性愈加突出，现代城市更新的重要标志是公众参与。早期城市更新大都带有较大的强制性，而现代城市更新的协商成分加重，城市规划公开化是对现行法律和管理措施的必要补充。

4）注重运用非实质性方法

城市更新项目大都是对城市中特定地区的物质环境进行不同程度的改造，现代城市更新不再局限于实质性物化手段，而是注重寻求非实质性方法来推动更新，其中效果显著的方法有三种。第一种，将城市更新与政府的政治目标相结合，凝聚社会力量，增强国民奉献与进取精神，改善政府形象；第二种，将更新视为城市经济发展的一个环节，强调民间力量的运用，采用奖励、补助、优化税制等经济手段来推动城市更新；第三种，注重城市物业管理和社区维护系统建设，以维护更新成果和体现城市良好社区的价值，从而达到整体延长城市生命的目标。

2. 标准体系与法规制度

由于地区之间的发展不平衡，我国不同地区的城市更新发展所处阶段有所不同。早期的城市更新主要集中在北京、上海、广州、深圳等一线城市，以及部分二、三线城市；现阶段城市更新（棚户区改造、旧城改造、旧厂改造等）已经在全国各个城市实施推进。

在我国，国家层面上还没有制定统一的城市更新法规条例，北京、上海、广州、深圳四个城市自2000年以来针对旧城改造、"三旧"改造、旧厂改造、棚户区改造等均各自出台了法规条例。其中，深圳市于2009年颁布了深圳市城市更新办法和实施细则，上海市和广州市在2015年出台了城市更新的实施条例和实施办法，2022年6月7日北京市住房和城乡建设委员会在官网启动北京市城市更新条例征求意见。我国主要城市的城市更新标准体系与法规制度汇总具体如表1-1所示。

表 1-1　我国主要城市的城市更新标准体系与法规制度汇总

城市	发布时间	政策名称	重点内容	政策类型
北京	2021.8	《北京市老旧小区综合整治标准与技术导则》	主要包括综合整治内容和基本标准、术语、基本规定、综合治理、基础类改造、完善类改造、提升类改造、设计和施工安全与质量验收等 8 个部分	规范类
	2021.8	《北京市住房和城乡建设委员会关于进一步加强老旧小区更新改造工程质量管理工作的通知》	严格落实建设单位工程质量首要责任，积极探索创新建设管理模式，建立健全工程质量追溯机制，确保设计满足施工需要，加强主要建筑材料质量控制等	规范类
	2021.8	《北京市"十四五"时期老旧小区改造规划》	到"十四五"期末，力争基本完成市属需改造老旧小区的改造任务；支持配合中央单位在京老旧小区改造；重点推进首都功能核心区老旧小区改造；加快推进危楼、简易楼改造工作；提高规划设计和适老化改造水平	支持类
	2021.8	《北京市城市更新行动计划（2021—2025 年）》	实施城市更新行动，聚焦城市建成区存量空间资源提质增效，不搞大拆大建，除城镇棚户区改造外，原则上不包括房屋征收、土地征收、土地储备、房地产一级开发等项目	支持类
上海	2018.2	《上海市住宅小区建设"美丽家园"三年行动计划（2018—2020）》	到 2020 年，全市完成各类旧住房修缮改造 3000 万平方米；新建 2000 个既有住宅小区电动自行车充电设施；推进住宅小区安防监控系统改造更新；开展高层住宅消防安全隐患排查整治	支持类
	2017.11	《关于坚持留改拆并举深化城市有机更新进一步改善市民群众居住条件的若干意见》	推进各类旧住房修缮改造，重点实施纳入保障性安居工程的成套改造、屋面及相关设施改造、厨卫改造等三类旧住房综合改造工程	支持类
	2020.2	《上海市旧住房综合改造管理办法》	推进本市旧住房综合改造工作，进一步改善市民居住条件	规范类
	2021.9	《上海市城市更新条例》	明确由市级层面编制城市更新指引、区级层面编制更新行动计划；提出了一系列支持政策，涉及规划、用地、标准、金融、财税等方面	规范类

城市	发布时间	政策名称	重点内容	政策类型
广州	2017.12	《广州市城市更新项目监督管理实施细则》	对城市更新项目监督管理的适用范围、监管内容、监管方式、监管机制、职责和义务、保障措施等各个环节进行了明确规定	规范类
	2018.1	《广州市城市更新安置房管理办法》	根据城市更新实际工作情况，主要对城市更新安置项目建设实施的主体予以明确；城市更新安置房可以通过新建、移交接收、购买、租赁、调整使用等方式筹集	规范类
	2021.4	《广州市老旧小区改造工作实施方案》	到2025年底，基本完成2000年底前建成的需改造老旧小区的改造任务	支持类
	2021.7	《广州市城市更新条例（征求意见稿）》	提出城市更新应当贯彻落实新发展理念，强化系统观念、全生命周期管理，推进成片连片更新，坚持政府统筹、多方参与，规划引领、系统有序，民生优先、共治共享的基本原则	规范类
深圳	2018.5	《深圳市人民政府关于加强棚户区改造工作的实施意见》	规定了棚户区改造政策适用范围，搬迁安置补偿和奖励标准，棚户区改造项目实施模式，以及组织机构和工作流程等	支持类
	2019.3	《深圳市城中村（旧村）综合整治总体规划（2019—2025）》	全面推进城中村有机更新，将城中村改造工作与全市住房保障、公共配套设施和重大项目落地等工作相结合。控制城中村拆除新建类改造项目的节奏，确定未来6年内保留的城中村规模和空间分布	引导类
	2019.6	《关于深入推进城市更新工作促进城市高质量发展的若干措施》	推动城市更新工作实现从"全面铺开"向"有促有控"、从"改差补缺"向"品质打造"、从"追求速度"向"保质提效"、从"拆建为主"向"多措并举"转变	规范类
	2020.12	《深圳经济特区城市更新条例》	不仅完善了更新改造的实施方式和程序，还创设了"个别征收+行政诉讼"制度，保障了城市更新双方当事人及利害关系人的合法权益	规范类

3. 政策激励与引导

我国的城市更新政策，源于2013年中央城镇化工作会议的要求和2015年中央城市工作会议的要求。2021年政府工作报告和"十四五"规划纲要中正式提出实施城市更新行动，这是党中央作出的重大战略决策部署，也是"十四五"以及今后一段时期我国推动城市高质量发展的重要抓手和路径，将城市更新上升到一个新的高度，各部门陆续出台相应文件与政策，如表1-2所示。

表 1-2　城市更新政策激励汇总

发布时间	发布部门	政策名称	重点内容	政策类型
2018.9	住房和城乡建设部	《住房城乡建设部关于进一步做好城市既有建筑保留利用和更新改造工作的通知》	建立健全城市既有建筑保留利用和更新改造工作机制，做好城市既有建筑基本状况调查，制定引导和规范既有建筑保留和利用的政策，加强既有建筑的更新改造管理，建立既有建筑的拆除管理制度	规范类
2020.8	住房和城乡建设部	《住房和城乡建设部办公厅关于在城市更新改造中切实加强历史文化保护坚决制止破坏行为的通知》	明确保护管理要求，完善保护利用政策，确保有效保护、合理利用，加强对城市更新改造项目的评估论证	规范类
2021.3	中共中央国务院	《中华人民共和国国民经济和社会发展第十四个五年规划和2035年远景目标纲要》	加快推进城市更新，改造提升老旧小区、老旧厂区、老旧街区和城中村等存量片区功能，推进老旧楼宇改造	支持类
2021.4	国家发展和改革委员会	《2021年新型城镇化和城乡融合发展重点任务》	加快推进老旧小区改造，有条件的可同步开展建筑节能改造，探索老旧厂区和大型老旧街区改造	支持类
2021.8	住房和城乡建设部	《住房和城乡建设部关于在实施城市更新行动中防止大拆大建问题的通知》	坚持划定底线，严格控制大规模拆除，严格控制大规模增建，严格控制大规模搬迁	规范类
2021.9	国家发展和改革委员会、住房和城乡建设部	《国家发展改革委　住房城乡建设部关于加强城镇老旧小区改造配套设施建设的通知》	进一步摸排城镇老旧小区改造配套设施短板和安全隐患；推动多渠道筹措资金	支持类

1.2.2 绿色建筑

1. 发展方向与目标

党的十八大以来，习近平同志关于社会主义生态文明建设的一系列重要论述，立意高远、内涵丰富、思想深刻，对于坚持和贯彻新发展理念，加快建设资源节约型、环境友好型社会，推动形成绿色发展方式和生活方式，具有重要指导意义。2013年1月，国务院办公厅下发文件，对绿色建筑行动从新建建筑节能、既有建筑节能改造、城镇供热系统改造、可再生能源建筑规模化应用、公共建筑节能管理、绿色建筑相关技术研发推广、绿色建材发展、建筑工业化、建筑拆除管理、建筑废弃物资源化利用等方面提出具体要求。2015年4月，《中共中央 国务院关于加快推进生态文明建设的意见》印发。该意见全面贯彻党的十八大、十八届三中全会、十八届四中全会决策部署，在总结中国探索经济增长与资源环境相协调的理论成果和实践经验的基础上，完整、系统地提出了生态文明建设的指导思想、基本原则、目标愿景、主要任务、制度建设重点和保障措施，是今后一个时期我国生态文明建设的纲领性文件。该意见的发布标志着我国经济社会进入全方位绿色转型发展的新起点、新阶段。

2016年2月，中共中央国务院就加强城市规划建设管理工作下发意见，在意见中要求转变建筑建造方式，大力发展装配式建筑，积极推广建筑节能技术，全面实施城市节能工程，到"十四五"期末，装配式建筑面积要占到新建建筑面积的30%以上。2016年9月，国务院办公厅就发展装配式建筑出台指导意见，明确了健全标准规范体系、创新装配式建筑设计、优化部品部件生产、提升装配施工水平、推进建筑全装修、推广绿色建材、推行工程总承包、确保工程质量安全等发展装配式建筑的任务。2017年2月，国务院办公厅又就建筑业持续健康发展出台意见，提出从推广智能和装配式建筑、提升建筑设计水平、加强技术研发应用和完善工程建设标准四个方面推进建筑产业现代化的发展，进一步明确了建筑业改革的方向，在建筑业发展史上具有里程碑意义。

2. 标准体系与法规制度

1986年，我国发布行业标准《民用建筑节能设计标准（采暖居住建筑部分）》（JGJ 26—1986），制定了节能30%的目标，这是我国第一部建筑节能标准。

进入21世纪，我国开始了关于全生命周期绿色建筑的推进。2001年，我国第一个关于绿色建筑的科研课题完成。2004年9月，建设部"全国绿色建筑创新奖"的启动标志着我国的绿色建筑进入全面发展阶段。2005年，我国召开了首届"国际智能与绿色建筑技术研讨会"，表达了我国政府对发展绿色建筑的决心和行动能力。2006年，建设部发布了《绿色建筑评价标准》（GB/T 50378—2006），并在

2008 年首次正式评审认证 6 个项目获得中国绿色建筑设计评价标识。

2009—2017 年，为我国绿色建筑快速发展期。从国务院发布的《关于积极应对气候变化的决议》到住房和城乡建设部发布的《住房城乡建设部关于进一步规范绿色建筑评价管理工作的通知》（建科〔2017〕238 号），都强调绿色建筑标识评价工作属地化管理。

2019 年至今，为我国绿色建筑转型提升期。2020 年住房和城乡建设部等七部门联合印发的《绿色建筑创建行动方案》提出，到 2022 年，当年城镇新建建筑中绿色建筑面积占比达到 70%。2020 年 9 月，我国明确提出 2030 年"碳达峰"与 2060 年"碳中和"目标。

2021 年住房和城乡建设部发布《绿色建筑标识管理办法》，将绿色建筑的评价权收回到各级政府手中。

2021 年 10 月，国务院印发《2030 年前碳达峰行动方案》。该方案提出加快提升建筑能效水平，到 2025 年，城镇新建建筑全面执行绿色建筑标准。

2022 年 3 月，住房和城乡建设部发布《"十四五"建筑节能与绿色建筑发展规划》，提出"到 2025 年，城镇新建建筑全面建成绿色建筑，建筑能源利用效率稳步提升，建筑用能结构逐步优化，建筑能耗和碳排放增长趋势得到有效控制，基本形成绿色、低碳、循环的建设发展方式，为城乡建设领域 2030 年前碳达峰奠定坚实基础"。

3. 政策激励与引导

建筑领域推行碳减排，是实现"双碳"目标的一条重要路径。我国绿色建筑发展迅速，离不开政策支持。2020 年 7 月，住房和城乡建设部、工业和信息化部等七部门联合发布的《绿色建筑创建行动方案》提出，到 2022 年，当年城镇新建建筑中绿色建筑面积占比达到 70%，星级绿色建筑持续增加。2021 年 2 月，国务院印发《国务院关于加快建立健全绿色低碳循环发展经济体系的指导意见》，提出"开展绿色社区创建行动，大力发展绿色建筑，建立绿色建筑统一标识制度，结合城镇老旧小区改造推动社区基础设施绿色化和既有建筑节能改造"。2021 年 10 月，中共中央办公厅、国务院办公厅印发《关于推动城乡建设绿色发展的意见》，提出"推动高质量绿色建筑规模化的发展"。2022 年 3 月，住房和城乡建设部发布的《"十四五"建筑节能与绿色建筑发展规划》提出，加强高品质绿色建筑建设，鼓励建设高星级绿色建筑，实现高星级绿色建筑规模化发展，对高星级绿色建筑、超低能耗建筑、零碳建筑等给予政策扶持，到 2025 年，城镇新建建筑全面建成绿色建筑。

在系列政策支持下，我国的绿色建筑发展非常迅速，部分绿色建筑政策统计如表 1-3 所示。2021 年，我国绿色建筑面积占到城镇新建建筑面积的 84.22%，全国累计建成的绿色建筑面积超过 85 亿平方米，已形成全世界最大的绿色建筑市场。绿色建筑发展任重道远。 全行业也在极力推动建筑减碳工作，在此过程中细化绿色建筑评价标准技术细则，将有助于我国"双碳"战略的推进。

表 1-3　绿色建筑政策统计

发布时间	政策名称	重点内容
2017.2	《国务院办公厅关于促进建筑业持续健康发展的意见》	明确提出要提升建筑设计水平，突出建筑使用功能及节能、节水、节地、节材和环保等要求，提供功能适用、经济合理、安全可靠、技术先进、环境协调的建筑设计产品
—	《海绵城市建设评价标准》《绿色建筑评价标准》等 10 项标准	提出中国经济由高速增长阶段转向高质量发展阶段的新要求，以高标准支撑和引导我国城市建设、工程建设高质量发展
2019.9	《住房和城乡建设部办公厅关于成立部科学技术委员会建筑节能与绿色建筑专业委员会的通知》	进一步推动绿色建筑发展，提高建筑节能水平，充分发挥专家智库作用
2020.7	《绿色建筑创建行动方案》	到 2022 年，当年城镇新建建筑中绿色建筑面积占比达到 70%，星级绿色建筑持续增加，既有建筑能效水平不断提高，住宅健康性能不断完善，装配化建造方式占比稳步提升，绿色建材应用进一步扩大
2021.1	《绿色建筑标识管理办法》	规范绿色建筑标识，表明绿色建筑星级并载有性能指标的信息标志，包括标牌和证书。 绿色建筑标识由住房和城乡建设部统一式样，证书由授予部门制作
2021.2	《国务院关于加快建立健全绿色低碳循环发展经济体系的指导意见》	开展绿色社区创建行动，大力发展绿色建筑，建立绿色建筑统一标识制度，结合城镇老旧小区改造推动社区基础设施绿色化和既有建筑节能改造
2021.3	《中华人民共和国国民经济和社会发展第十四个五年规划和 2035 年远景目标纲要》	推广绿色建材、装配式建筑和钢结构住宅，建设低碳城市
2021.9	《中共中央 国务院关于完整准确全面贯彻新发展理念做好碳达峰碳中和工作的意见》	大力发展节能低碳建筑。 持续提高新建建筑节能标准，加快推进超低能耗、近零能耗、低碳建筑规模化发展。 大力推进城镇既有建筑和市政基础设施节能改造，提升建筑节能低碳水平
2022.2	《高耗能行业重点领域节能降碳改造升级实施指南（2022 年版)》《建筑、卫生陶瓷行业节能降碳改造升级实施指南》	到 2025 年，建筑、卫生陶瓷行业能效标杆水平以上的产能比例均达到 30%

1.2.3 绿色重构

1. 发展方向与目标

旧工业构筑物绿色重构是绿色建筑发展的重要组成部分，是指对废弃的旧工业构筑物实施的以节约能源资源、改善人居环境、提升使用功能为目标的维护、更新、加固等活动。与新建工业构筑物相比，旧工业构筑物绿色重构过程更为复杂。绿色重构的发展方向与目标主要体现在以下方面。

1）政策方面

在政策方面，旧工业构筑物绿色重构相对于新建建筑及建筑节能改造具有更深刻的复杂性和困难性。未来对于政策建议的研究应该加强与政府及社会当前重点工作的结合，借力现有热点任务，利用与之相关的政策进行整合及再创新，循序渐进地开展切实可行的政策与机制建议研究。

2）标准规范方面

在标准规范方面，旧工业构筑物应构建绿色评价，并且着力解决绿色重构适用技术的经济可行性与技术先进性统一协调的问题，旧工业构筑物绿色重构效果的定量评价问题，适用于我国不同气候区、不同资源区的有针对性的绿色重构评价体系问题等。

3）技术体系方面

在技术体系方面，我国旧工业构筑物有几个明显的特征，即建成时间跨度大、地域空间跨度大、自然资源差距大、经济发展不均、功能划分类别多等。针对这些特征，对于旧工业构筑物绿色重构进行技术体系研究时，应该遵循其客观规律，形成以多目标、多因素相交叉为前提的适用技术体系。

2. 标准体系与法规制度

我国尚缺乏专门针对旧工业构筑物绿色重构的相关法律文件，但从中央到地方制定的一系列政策法规，奠定了旧工业构筑物绿色重构的基础并推动其发展。国家在"十一五"到"十三五"期间针对旧工业构筑物绿色重构制定的一系列的科研题目和项目试点研究，则奠定了旧工业构筑物绿色重构的技术和经验基础。

1）国家标准方面

在国家标准方面，《既有建筑绿色改造评价标准》（GB/T 51141—2015）是我国针对既有建筑的评价标准，该标准要求既有建筑绿色重构评价要结合建筑类型、使用功能、气候、资源等特点，因地制宜地进行全方位的综合评价；《公共建筑节能设计标准》（GB 50189—2015）主要适用于既有公共建筑。

2）行业标准方面

在行业标准方面，《既有居住建筑节能改造技术规程》（JGJ/T 129—2012）、《既有住宅建筑功能改造技术规范》（JGJ/T 390—2016）等适用于已建居住建筑的节能改造。

3）地方标准方面

在地方标准方面，如上海市《既有民用建筑能效评估标准》（DG/TJ 08—2036—2008）和《既有公共建筑节能改造技术规程》（DG/TJ 08—2137—2014）、北京市《既有居住建筑节能改造技术规程》（DB 11/381—2016）等。此外，中国建筑科学研究院主编的中国工程建设协会标准《既有建筑绿色改造技术规程》（T/CECS 465—2017）等，提出既有建筑绿色重构要因地制宜地结合改造现状和目标，选用合适的技术来提升既有建筑的综合性能，从而减少对环境的不利影响。

我国绿色重构相关标准与法规制度如表 1-4 所示。

表 1-4　我国绿色重构相关标准与法规制度

标准名称	编号	类型
《既有建筑绿色改造评价标准》	GB/T 51141—2015	国家标准
《公共建筑节能设计标准》	GB 50189—2015	国家标准
《既有居住建筑节能改造技术规程》	JGJ/T 129—2012	行业标准
《既有住宅建筑功能改造技术规范》	JGJ/T 390—2016	行业标准
《既有民用建筑能效评估标准》	DG/TJ 08—2036—2008	地方标准
《既有公共建筑节能改造技术规程》	DG/TJ 08—2137—2014	地方标准
《既有居住建筑节能改造技术规程》	DB 11/381—2016	地方标准
《既有建筑绿色改造技术规程》	T/CECS 465—2017	协会标准

3. 政策激励与引导

由于旧工业构筑物节能绿色重构工作资金需求量高且短期内不会有明显受益效果，因此让市场主体主动对旧工业构筑物进行节能绿色重构是不太现实的，需要政府实施财政激励措施来进行大力的支持和引导才能实现。为提高市场对旧工业构筑物进行绿色重构的积极性，加快旧工业构筑物绿色重构改造步伐，国家实施了财政补贴、税收优惠、贷款优惠等一系列激励政策。

在财政补贴方面，2006 年"十一五"国家重点节能工程提出对政府办公建筑节能绿色重构示范项目给予资金补贴支持；《民用建筑节能条例》规定政府要安排节能资金来支持既有建筑节能绿色重构;《夏热冬冷地区既有居住建筑节能改造补助资金管理暂行办法》提出对夏热冬冷地区既有居住建筑的节能绿色重构进行资金补助,共涉及 14 个省市;针对国家机关办公建筑和大型公共建筑的绿色重构项目,中央财政对地方及中央的贷款分别贴息 50%、100% 等。

在税收优惠方面,我国主要是对节能技术和节能产品、旧工业构筑物节能绿色重构和民用建筑节能示范工程等项目实行税收优惠政策。针对旧工业构筑物节能绿色重构,国家还采取了相应的贴息贷款和贷款优惠政策,如《民用建筑节能条例》中规定金融机构要对旧工业构筑物节能绿色重构示范工程提供贷款优惠政策。

此外,为配合建筑能效标识制度推行和激发市场主体对旧工业构筑物绿色重构的积极性,财政部、住房和城乡建设部联合发布《关于加快推动我国绿色建筑发展的实施意见》,提出对申请建筑能效标识的二星级绿色建筑和三星级绿色建筑分别实行每平方米 45 元和 80 元的财政奖励。各省市也依据国家相关法规,并结合自身情况制定地方性激励措施。

1.3 发 展 现 状

1.3.1 国外研究现状

1. 研究现状

国外专门针对旧工业构筑物绿色重构的理论研究较少。20 世纪初,初步形成了以既有建筑绿色重构设计为主的理论雏形,以希腊的 E. Dascalaki 和 M. Santamouris 为代表,其根据本土气候分区深入解析了旧建(构)筑物能耗表现与节能潜力,提出相应的重构技术;同一时期,面对产业转型和城市更新留下的工业遗产,西方发达国家率先开始了旧工业建(构)筑物重构的探索之路,并逐步突破了"修复如旧"的理念;20 世纪 60 年代后,关于旧工业建(构)筑物重构的实践越发活跃,废弃的工业遗产伴随着城市更新运动的兴起被重视起来,西方国家因此积累了大量对于建筑遗产的保护经验;20 世纪 70 年代初,经历了能源危机的发达国家开始初步形成以节约能源为导向的旧工业建(构)筑物改造设计。2008 年,C. Diakaki 在《建筑节能》期刊发表的《多目标优化方法》提出,旧工业建(构)筑物重构面临的主要问题是如何在设计阶段找出有效和持久的策略,以使可持续的改造对环境、能源、经济和社会给予回报，从而形成最佳的改造方案。但是由于当时计算方法的限制，并且目标过于复杂，没有得出可实现的最优解。国际相关组织在 20 世纪拟定、颁发了一系列城乡遗产保护的相关文件，可作为旧工业构筑物重构设计的理论参考，如表 1-5 所示。

表 1-5 旧工业构筑物改造再利用的部分相关文件

年份	会议组织	地点	文献名称	文献要点
1933	国际现代建筑协会（CIAM）	希腊雅典	《雅典宪章》	提出了对历史纪念物进行保护
1964	国际古迹遗址理事会（ICOMOS）	意大利威尼斯	《威尼斯宪章》	提出了要将古迹真实地、完整地传下去
1972	联合国教科文组织（UNESCO）	法国巴黎	《保护世界文化与自然遗产公约》	对文化和遗产进行定义，贯彻原真性和完整性
1976	联合国教科文组织（UNESCO）	肯尼亚内罗毕	《内罗毕建议》	肯定了历史城区、历史建筑的价值，提出了保护手段
1979	国际古迹遗址理事会（ICOMOS）	澳大利亚巴拉	《巴拉宪章》	从评价标准、编写报告、保护措施、管理方法等方面提出了建议
1994	国际古迹遗址理事会（ICOMOS）	日本奈良	《奈良原真性文件》	原真性的界定、评估和检测
1996	国际古迹遗址理事会（ICOMOS）美洲委员会	美国圣安东尼奥	《圣安东尼奥宣言》	从不同角度讨论了适用于美洲国家的原真性含义
2003	国际工业遗产保护联合会（TICCIH）	俄罗斯下塔吉尔	《下塔吉尔宪章》	定义了工业遗产的概念，阐述了其价值，指出其构成元素
2003	国际古迹遗址理事会（ICOMOS）	俄罗斯莫斯科	《莫斯科宪章》	对产业遗产的鉴定、记录和研究具有重要参考意义
2005	联合国教科文组织（UNESCO）	法国巴黎	《会安议定书》	在亚洲背景下展示和评估原真性，并对原真性要素进行了细分
2011	国际古迹遗址理事会（ICOMOS）	法国巴黎	《都柏林准则》	补充了《下塔吉尔宪章》中未能全面认识到的工业遗产的环境与非物质文化遗产等内容
2015	国际古迹遗址理事会中国国家委员会	中国	《中国文物古迹保护准则》	中国文物保护工作的最高行业规则和主要标准

在绿色重构案例实践方面，则注重对设计理念的开拓以及相应技术手段的发掘，例如垂直绿色技术、外围护结构节能设计、废旧材料的再利用等。以赫尔佐格

和德梅隆改造设计的 Caixa Forum 为例，其运用了垂直绿化、废旧材料循环利用、被动式节能技术等绿色化改造设计手法。改造设计之初，因 Caixa Forum 拥有浓厚的旧工业构筑物特征，对游客、艺术家具有一定的吸引力，建筑师将其定义为"城市磁铁"。Caixa Forum 坐落于 1899 年建造的一所旧发电厂内，该厂是当地代表性的旧工业构筑物之一。在绿色重构设计过程中，建筑师与植物学家帕特里克·布朗克合作，在构筑物外立面增设了 24 米高的垂直绿化，对墙体的热工性能和室外微气候进行调节。此外，建筑师还将旧发电厂内的旧砖回收，设计成景观雕塑。赫尔佐格在改造设计西门子公司的办公用房时，采用了一种透明的、可以自然降解的双层薄膜结构，将室内自下部窗框以上部分全部包裹起来，薄膜与墙壁、屋顶之间留有一定间距，形成空气保温层，在完整保护建筑外立面的同时提高了保温性能。德国建筑师奥古斯丁在对德国通用电气公司（AEG）主库房进行绿色重构设计时，对结构体系进行了保留和加固，增设了清洁能源系统。在提升外墙保温隔热性能方面，对砖墙表面做细致的清洗和同质修补，并涂刷一层透明的环保防水护墙膏，有效减小了围护结构传热系数。让·努维尔改造设计的维也纳煤气塔也是国际上颇具知名度的重构设计案例。煤气塔属于特殊旧工业构筑物，具有特殊的结构体系，为改造设计增加了一定的难度。在重构设计过程中，让·努维尔运用了被动式的技术手段，在煤气塔的顶部加建了玻璃穹顶，引入自然光线，增加了室内通风。

2. 理论综述

1）整体性保护的原则

在 20 世纪中期，欧洲绝大多数城市的城镇化程度已经达到了较高的水平，资源短缺、环境污染的问题越来越严重，所以一些国家针对工业遗产采取了保护并再次利用的方式，并采取了谨慎的逐步更新做法。旧工业建（构）筑物绿色重构以对周边环境的保护与修复为基础，综合考虑旧工业建（构）筑物在生态、资源、经济、文化、社会等多个层面对于周边地区或整个城市发展的影响，提出了"工业遗址地"和"工业遗产廊道"的相关概念，注重区域的整体性保护和规划。

2）保护体系完善

英国是工业革命的倡导者和先行者，英国关于工业遗产的保护注重分类保护以及信息的登记、保存，并有专门的机构对旧工业建（构）筑物的现状进行监控、管理与日常维护。英国、德国、澳大利亚等发达国家较早认识到工业遗产保护的重要意义，所以在立法方面走在了世界前端，针对旧工业建（构）筑物的保护制定了相关的法律法规。

3）注重非物质文化的保护

一方面重视对旧工业建（构）筑物、设备等实体遗产的整体保护，包括工厂、办公室、仓库、能源设施、输电设施，以及住宅和景观环境；另一方面注重对工业非物质文化遗产的保护，特别是工业生产创造的精神和价值观，包括工艺生产流程、工厂的管理制度、工业景观、"光荣劳动"的价值等。欧洲对工业遗产的保护不仅保存了很多完整的工业遗产区，同时也利用工业遗产建造了大量的工业博物馆，如英国曼彻斯特科学与工业博物馆、约克国家铁路博物馆等。

4）公众参与度较高

向社会大众宣传和普及工业遗产保护的相关知识与意义，引导民众通过多种方式和途径参与对旧工业建（构）筑物的保护。例如，英国将工业遗产保护的相关内容纳入教育体系之中，使学生可以参与相关的实践活动。并且通过各种宣传和教育手段提高大众参与度，让更多的民众理解工业遗产的价值和文化，提升民众对于工业文化的价值认同感，从而达到促进保护的目的。

5）改造方法不断创新

欧洲国家对工业遗产的保护更新，会根据工业遗产各自的特点，所在区域的经济、人口、主导产业以及城市发展规划，不断创新改造方法，实现多功能、多目标、多手法的改造目标。

1.3.2 国内研究现状

1. 研究现状

我国对工业遗产的保护和科研工作开始得较晚，且早期的工业遗产研究也局限在港口工业区。20世纪90年代，社会经济发展、产业结构调整和环境品质改善等原因导致许多工厂倒闭或搬迁，遗留下的许多工业遗产成为人们关注的焦点。2006年，俞孔坚教授发表《关于中国工业遗产保护的建议》一文，提出了对工业遗产的保护以及重构更新的具体建议。2008年，东南大学王建国教授出版《后工业时代产业建筑遗产保护更新》一书，强调了工业遗产的重要性，以及保护更新和再利用的意义及价值，构建了一整套关于旧工业建（构）筑物保护和再利用的理论与方法体系。2010年的《抢救工业遗产——关于中国工业建筑遗产保护的倡议书》和2012年的《杭州共识》表明，中国对工业遗产的研究与认识进入新的阶段和更深层的领域，关于工业遗产改造的理论与实践逐渐增多，旧工业建筑的改造受到了越来越多设计师的重视。

我国学者季宏基于对世界工业遗产的研究和认识，提出了一些对我国旧工业建（构）筑物保护的建议，具体如下。

① 对于旧工业建（构）筑物，无论保护级别高低，必须整体保护，并在有条件

的情况下可针对重点建（构）筑物进行活态保护尝试。

② 尽快将工业遗产纳入历史文化名城保护体系，并立法保护，凸显工业城镇与工业遗产群的完整性价值。

③ 提高系列遗产与产业链视角下大区域或省份更大范围的旧工业建（构）筑物整体认定工作。

④ 对未纳入文物保护单位与优秀近现代建筑保护名录的重要旧工业建（构）筑物，尽早简列濒危名录，避免流失严重导致工业城镇与旧工业建（构）筑物群完整性的缺失。

在绿色重构理论研究方面，主要是针对影响因素、评价体系以及对于该领域的研究提出展望和建议。2010年，饶小军、袁磊、胡鸣在《南北差异：既有建筑绿色改造技术的评价方法》一文中重点分析绿色化改造设计的地域性气候影响因素，提出绿色化改造设计应结合地域气候特点，建立不同气候区对应的被动式技术综合评价模型，同时针对不同的建筑类型以及空间特征，采取适宜性的改造设计措施。同年，在绿色重构技术探索方面，王海松、臧子悦在《适应性生态技术在工业遗产建筑改造中的应用》一文中提出了旧工业建筑物遗产适应性的生态改造设计策略，研究了相应的生态技术，并建议在未来的绿色化改造设计措施中应尽量选择被动式、低技术等对原有建筑物影响较小的生态技术。2016年，贾骁恒在《旧工业建筑中围护结构的绿色改造策略研究》一文中针对旧工业建筑物重构后运行能耗过高的问题，提出了对围护结构中的外墙、外窗以及屋面的节能改造设计策略，将绿色建筑中的相关技术手段运用至旧工业建筑物绿色重构设计中。

在绿色重构案例实践方面，20世纪90年代后，我国北京、上海、广州等一线城市开始有意识地对旧工业建（构）筑物进行改造和再利用。21世纪初，随着我国城市发展的步伐加快，城市土地价值不断上升，重要城市产业升级或转型使许多旧工业厂区遭到荒废和遗弃，同时也引发了许多艺术家和学者对此类工业遗产的关注，开始涌现出一批优秀的重构再利用的案例，比如北京798艺术区、北京远洋艺术中心、广州太古仓码头、广州信义会馆、中山岐江公园、上海世博园等项目。2006年"无锡会议"的召开，引起了国内学术界对工业遗产更广泛的关注，相关实践案例明显增多，设计和技术水平日渐提高，重构再利用的模式不断创新。这时期比较典型的案例有贾平凹文学艺术馆、沈阳铸造博物馆、中国丝业博物馆、内蒙古工业大学建筑系馆。

2010年以后，我国对于旧工业建（构）筑物的保护重视程度进一步提高，从前期的摸索阶段逐渐进入创新阶段，重构手法和技术手段得到进一步提升，更加注重对旧工业建（构）筑物价值的保护和绿色可持续理念。2011年，毛磊、吴农、刘煜在《上海世博会部分旧厂房改造场馆中的生态设计策略浅析》一文中对上海世博会中的城市未来馆、案例联合馆等具有代表性的项目进行了调研分析，从外立面重构设计、室内生态空间的营造、顶棚的生态构建逐层剥离出相应的重构设计策略以及技术手段，并且初步评价了生态重构设计所带来的成效。 2015 年，方舟在《老建筑的有机更新与生态营建——衡山坊绿色改造案例介绍》一文中结合重构设计项目的区位特点和建筑特征，以有机更新和生态营造为目标，采用主动性及被动性技术策略相结合的方法，从全场地零障碍设计、雨水径流控制、立体绿化设计等方面完成对既有建筑的绿色化重构设计。

近 40 年的研究为国内旧工业建（构）筑物重构提供了一定的改造设计模式和方法。 随着全球能源枯竭、环境问题日益突出，绿色可持续理念愈来愈受到重视。基于新时代背景下的旧工业建（构）筑物重构设计领域也应从绿色生态的角度探索新的设计手法和技术手段，形成旧工业建（构）筑物改造更新的新视角。

2. 理论综述

随着社会与城市的不断发展，从农业到工业乃至服务业，核心产业结构和城市用地性质都发生了很大的改变。 21 世纪以来，我国对旧工业建筑遗产保护与再利用日趋重视，其中数量较多、可利用率较高的厂房建筑受到了广泛关注。 虽然已有上海民生码头 8 万吨筒仓改造、首钢西十筒仓改造、南京先锋园博园筒仓书店等旧工业构筑物的优秀改造案例，但全国范围内的工业构筑物专门性的保护与再利用理论研究与实践还是相对较少，绿色重构发展更是处于初期。 因此本书将绿色重构理念引入旧工业构筑物再生利用设计中，探索适用于旧工业构筑物绿色重构设计的方法。

1.3.3　发展瓶颈和挑战

1. 结构安全控制

首先，旧工业构筑物不比工业厂房，其自身往往不具备空间使用的基本功能，而一些形状怪异、功能奇特、工业味道浓厚的构件也难以直接用作建造构架；其次，旧工业构筑物一般始建年代较早，建造时相关规范还不完善，由于缺乏相关规范的约束，许多项目未经污染治理就直接投入使用，抗震性能及防火性能均不能满足现行规范要求，为旧工业构筑物绿色重构埋下了一定的安全隐患。

2. 环境污染控制

某些旧工业构筑物会进行一些特殊的工艺生产，对周边生态环境产生较大的负面影响，在废弃时也没有进行无害处理，常常会造成空间环境的再次污染，不符合旧工业构筑物绿色重构的要求。例如，对于炼油工业来说，一些工业设备常年进行焦化等工艺，设备自身淤积了大量的工业废气和废渣，难以直接进行利用。

3. 价值评定利用

目前已出台的绿色建筑评价指标主要针对民用建筑，一般按照民用建筑进行分类评价。但是，旧工业构筑物绿色重构具有其特殊性，目前还缺少针对此类改造项目的评价指标和奖惩办法。由于缺乏政策引导，绿色改造意识薄弱，一些旧工业构筑物的绿色重构工作成为个别项目的招商噱头。

4. 空间重构设计

以往的绿色重构多停留在对工业厂房的改造，重构的方式和类型颇多。旧工业构筑物由于形式多样、大小不一、形态颇多、结构复杂，难以进行系统性的重构研究，所以对其进行绿色重构多是进行现状保留，作为景观小品之用，而非真正意义上功能的再生。

5. 投资成本控制

旧工业构筑物绿色重构的难易程度直接导致投资成本上的差异。某些生产设备结构复杂，其拆除再建的成本大多高于普通厂房的建造成本，从而加大了投资风险；而绿色重构由于在开发设计、使用材料等方面存在较大的前期投资，因此未能被开发商普遍接受。所以，对重构成本控制的进一步加强是推广旧工业构筑物绿色重构再生的关键。

6. 绿色重构技术

调研中发现，目前旧工业构筑物的重构技术已经较为成熟，但是在旧工业构筑物绿色技术方向还未得到有效的实施利用。在国内大多数省、市，绿色重构还仅仅停留在对门窗洞口的修整、加设墙体保温材料等初步阶段，缺乏对地域性节能技术的研究，对整体性能的绿色重构还缺乏一定的实践应用。

1.3.4 未来发展前景

1. 为旧工业构筑物绿色重构找寻新的载体

旧工业构筑物是工业文明的集中体现，其特有的形态记录着独特的工艺与技术，其另类的空间是创意办公产业的载体之一，但重构改造存在的困难使人望而却步。独特的空间形态为旧工业构筑物重构找寻了新的载体与方式，也弥补了现状仅停留在景观上保留的缺陷。

2. 为城市发展寻找新的空间

旧工业构筑物往往见证着城市的发展与变迁，因此多位于城市中心地段或城市近郊交通便利的位置。在寸土寸金的城市中心地段，我们不能忽视土地的经济价值而一味地追求旧工业构筑物在景观保留上的意义。

3. 实现城市的可持续发展

旧工业构筑物的保留不仅仅是保留部分工业景观遗迹、遗存记忆，也不仅仅是艺术、生态等处理手法的运用，最终的目的是通过这些更新、重构、再生，实现城市经济、社会和环境的可持续发展。只有赋予旧工业构筑物新的功能与产业，使其形成新的生命力，才有可能更好地展示旧工业构筑物，使工业文明得以继承并为城市添色。

2

旧工业构筑物绿色重构基本理论

2.1　城市更新理论

2.1.1　基本原理

1. 城市更新的概念

城市更新是指对不适应现代化生活生产的区域进行合理的有计划改造的工作。城市更新是一个"新陈代谢"的过程，实施城市更新行动有利于城市的整体发展和人类与自然的可持续发展。城市更新的概念根据城市发展阶段的不同在不断丰富，《城市更新手册》中认为，城市更新是"试图解决城市问题的综合性的和整体性的目标和行为，旨在为特定的地区带来经济、物质、社会和环境的长期提升"。

2. 城市更新的动因

城市更新的动因来自城市本身的变化。每一座城市的发展始终受到全球化、区域化和城市变化等诸多因素的影响，城市本身的变化成为城市更新的内在逻辑起点和基本动因。

1）经济转型和就业的变化

在经济全球化和区域化发展进程中，城市经济必然处于从工业向服务业、低端向高端的不断转型升级之中，而旧城区或旧工业区往往因脆弱的经济基础与结构，率先出现产业转移、就业岗位减少、经济增长乏力等衰退现象。这种因经济转型而导致的城市经济衰退现象，成为城市更新的首要动因。

2）社会和社区问题

城市中心区表现出贫困现象，老城成为穷人和弱势群体的相对集中地，社会排斥和社会分化程度加剧、城市形象受损、城市吸引力下降，进一步加剧了内城地区的不稳定和衰退现象。

3）环境退化和新需求的出现

在经济发展过程中出现空间环境破败、场地退化废弃、基础设施陈旧、固体废弃物污染等问题，难以满足使用者的需求，如何利用制度干预和防止空间环境衰退成为城市发展面临的一个直接挑战。

4）环境质量和可持续发展

过度注重经济增长和过度消费环境的不可持续发展模式，导致城市局部地区出现环境污染加剧、生态退化等问题。因此，改善环境质量、构筑良好的城市环境，成为生态文明时代促进城市发展的核心动因。

3. 城市更新的对象

1）针对经济转型的城市经济更新

针对经济转型的城市经济更新，即产业置换、结构升级等，需要创造就业岗位，提升劳动力与经济结构的适应性，创造更高的经济效率和更强的经济活力。

2）针对社会或社区问题的更新

针对社会或社区问题的更新，即在解决经济问题的同时，更新中心城区或旧城区公共服务体系，完善公共设施，改善居住环境，提高生活质量，加强就业培训，推动社会融合，促进社会和谐稳定发展。

3）针对空间环境退化的建筑设施更新

针对空间环境退化的建筑设施更新，即重新利用旧工业区、整修旧工业构筑物等，在置换的同时改善衰退地区的建筑形象。

4）针对生态环境问题的更新

针对生态环境问题的更新，即积极推动以服务型经济为目标的城市经济运行模式，并以可持续发展理念来打造服务型城市，使得更新地区获取最大程度的环境效益，提高城市可持续发展的能力和水平。

4. 城市更新的目标

城市更新的目标就是解决城市中影响甚至阻碍城市发展的城市问题，这些问题的产生主要有环境、经济和社会等方面的原因。我国学者叶耀先认为，城市更新的目标是使城市具有现代化城市的本质，为市民创造更好的生活环境，并受环境、经济和社会三个方面的影响。首先，城市社会应包容和谐，即城市更新要满足一个城市或区域的要求，改善居住质量，减少社会排斥，共享城市经济增长的成果，促进社会公平。其次，激发城市活力。城市更新要对城市经济发展作出贡献，实现更新地区的产业置换、结构升级和功能拓展，增加就业岗位，创造更多税收，打造经济增长的新型空间，提升城市活力。最后，推动城市可持续发展。城市更新在使用现代环保科技改善城市形象、打造城市名片的同时，还要积极追求环境效益，实现低碳化、节能化、绿色化的目标，逐步打造可持续发展的城市。

2.1.2 理论基础

1. 国外城市更新的研究

西方国家对城市更新的研究起源于产业革命，此时的城市更新受"形体思想论"

影响，在本质上还是继承着传统规划观念，把城市看作一个静态事物，通过形体规划来解决城市发展困境。 1898年，英国城市学家埃比尼泽·霍华德出版《明日：一条通向真正改革的和平道路》一书，该书对当时城市发展问题深刻反思，提出"田园城市"理论，德国城市规划大师G.阿尔伯斯对其解释道："有计划地发展具有足够就业岗位和相应城市设施的新城，并使它有足够大的规模，以便于形成独立的城市生活；但新城又不能过大，以便能一目了然地了解城市，并能步行到达城市的各个地方"。 该理论立足于物态空间及社会结构角度，不单单限于解决居住问题，对城市空间结构的发展以及未来城市规划进行了深刻思考，解决了城市不断畸形发展带来的种种困境，对现代城市规划思想起到重要的启蒙作用，具有一定的超前性。

1929年，美国社会学家克拉伦斯·佩里创建了"邻里单位"理论，20世纪30年代前后，美国大规模的郊区化以及汽车出行的普及为"邻里单位"的实践提供了条件。 该理念的实施对象包括教育机构（小学）、服务机构、商业区、开放空间，以及不与外部衔接的交通系统等，目的在于打造一个可以满足居民生活需求并且安全舒适的"聚集单元"。 佩里提出，"小学应该是社区的首都，所有活动均围绕小学来进行，所有设施均需分布于小学半径800米的范围内"，"邻里单位"的规模由一所小学所服务人口需要的住房规模确定，以城市主要交通干道为边界，使小学生上学不需要穿过城市道路。 学校及服务机构围绕"邻里单位"的中心区布置；商业置于邻里周边，与相邻社区商业共同构成商业区；邻里内部交通应采用环绕模式来减少汽车穿越邻里。

第二次世界大战后，由于城市受到战争的破坏，西方国家纷纷开始了大规模的城市更新运动，大量的贫民窟被推倒重建是此阶段的一大特点，从而导致城市肌理被破坏，城市文化被泯灭。 美国著名学者简·雅各布斯于1961年出版了《美国大城市的死与生》一书，她认为"单调、缺乏活力的城市只能孕育自我毁灭的种子。但是，充满活力、多样化和用途集中的城市孕育的则是自我再生的种子，即使有些问题和需求超出了城市的限度，它们也有足够的力量延续这种再生能力并最终解决那些问题和需求"。 雅各布斯认为，城市需要各种相互联系、相互支持、错综复杂的多样性，城市生活由此可以形成良性运转。 基于对现代城市规划和城市建设的反思，她提出了"多样性是城市的天性"的重要思想，让大众对城市规划中人性需求的欠缺予以关注，更让规划师意识到城市规划设计不仅是对城市空间结构的宏观思考，还需要满足那些真正居住在城市中的居民的需求。 同时期一大批学者从不同视角对城市更新进行研究，美国社会哲学家刘易斯·芒福德先后出版了《城市文化》与《城市发展史》两本巨著，他认为城市空间不仅仅是地理空间的划分，更是经济与人文的综合体，强调根据人的尺度进行城市规划。"人本"思想在C·亚历山大等人所著的《俄勒冈实验》中以参与式设计的理念得以体现，"只有使用者能够引导社区的有机发展过程，他们最清楚自己需要什么，以及房间、楼宇、道路和开放空间是否安排得当"。

20世纪70年代，城市规划的重点再次发生改变，全球生态问题的突出与经济高速发展带来的社会问题引起了城市规划领域的关注，包括上文所述对大规模城市改造的反思，"可持续发展"理念蔚然成风，西方国家城市更新的理论与实践在"可持续发展"理念的影响下有了进一步发展。城市更新的目标更为广泛，更新的内容更为丰富，城市更新研究形成了多元化的趋势，谋求政府、社区、规划师、社会学者、经济学者、个人等多边合作，进行渐进式小规模社区更新工作。

2. 国内城市更新的研究

从20世纪90年代开始，基于新中国成立以来城市的发展历程，吴良镛先生对北京旧城改造的实践项目进行思考后，从城市"保护与发展"的角度出发提出"有机更新"理论。这一理论的基本出发点与20世纪70年代以来西方学者所提倡的可持续发展理念是接轨的。吴良镛先生在《北京旧城与菊儿胡同》一书（图2-1）中这样总结："所谓'有机更新'，即采用适当规模、合适尺度，依据改造的内容与要求，妥善处理目前与将来的关系，不断提高规划设计质量，使每一片的发展达到相对的完整性。这样集无数相对完整性之和，即能促进北京旧城的整体环境得到改善，达到有机更新的目的。"由此可见，"有机更新"理论是在不改变城市肌理的前提下，通过对改造规模尺度的思考评估，结合历史文化、人群需求以及美学内容等多方面因素，同时还要以动态发展的眼光进行改造。"有机更新"理论遵循了城市的自然规律，丰富了城市更新的理论成果，直至现在城市更新相关领域的学者依旧以该理论为基础展开研究，是我国城市更新研究历程上的一大突破。

然而由于我国城市发展的特殊背景，"有机更新"理论并没有在全国大范围的城市更新工作中得以运用，只在部分历史文化保护城区进行了实践。我国城市更新学者阳建强、吴明伟于1999年出版《现代城市更新》一书，如图2-2所示。针对此问题，该书提出："城市更新改造具有面广量大、矛盾众多的特点，传统的形体规划设计已难以担当此任，需要建立一套目标更为广泛、内涵更为丰富、执行更为灵活的系统控制规划。"该书对西方国家城市更新发展进行了总结，对我国国情进行了全面的分析和思考，建立起一套更新规划程序系统，该系统分为三个组成部分，即评价体系、目标体系和控制体系。吴明伟教授认为，城市更新的目标是实现城市功能结构的全方面协调发展，以提高人居环境质量。在城市更新的过程中难免会出现各种各样复杂的问题，但凡是复杂的问题，必是由一定的层次结构组成的，这种层次结构所要达到的目标不相同，而且多是不能相容的，因此对于矛盾的结构要进行权衡，结合社会、经济、文化等以全局的眼光来作出最优决策。

图 2-1 《北京旧城与菊儿胡同》

图 2-2 《现代城市更新》

2.1.3 理论核心

1. 人本核心的更新主体

满足人的需求是城市更新的最终目标。 为此，城市更新应追求建设宜居、绿色、智慧、人文城市，补齐城市短板，强化城市功能，优化空间布局，提升环境质量，从而让城市更有活力，让市民生活更加便利和舒适。

2. 具备更新的基本要素

具备更新的基本要素是城市更新的首要前提。 更新的基本要素包括土地资源、房产资源、资本资源、人力资源、产业资源等。 土地资源、房产资源为空间要素，人力资源、产业资源指内容要素，资本资源是空间要素与内容要素之间的流通要素。

3. 厘清复杂的更新关系

厘清复杂的更新关系是城市更新的核心要义。 相对于解决土地资源、房产资源、资本资源、人流资源、产业资源等基本要素问题，厘清这些要素之间复杂的更新关系是更加棘手并且十分重要的问题。

4. 找到底层的更新规律

找到底层的更新规律是城市更新的基础保障，包括建立适宜城市更新的模式，设计可行的更新方案路径，进而具体实施城市更新工作。 建立适宜城市更新模式的过程，其实就是根据梳理出的更新相关利益方关系，找到更新各方都能接受的相对最优的更新方案，从而设计和制定出可行的空间布局、功能布局和资金安排。

2.2 存量规划理论

2.2.1 基本原理

1. 存量规划的概念

存量规划（stock planning）是指通过城市更新等手段促进建成区功能优化调整的规划，其日益受到政府的重视。狭义上的存量规划指存量空间的规划，与增量规划相对。存量规划的内容包括常规的针对城市空间物质要素的规划设计、相关政策制度的制定等，以此实现利益、责任两方面的共享机制。存量规划的方法包括政策、技术等多种方式。政策层面，避免对于已建成区域大面积地拆除重建，提倡微更新，以改善为主，同时增加对于土地利用、空间管制等方面更有针对性的规划管控措施；技术层面，基于存量资源与使用需求两者之间的对应关系，进行功能优化、设施完善、环境改善、风貌提升等。

2. 存量规划的对象

存量规划的对象为未合理利用的建设用地及其相关利益者。存量是指在某一指定的节点上，过去生产与积累起来的产品、货物、储备、资产负债的结存数量。在城乡规划领域，存量用地、存量建筑、存量空间等词汇也屡见不鲜。存量规划一方面是指关于存量空间的规划，其对象包括存量建筑及存量土地；另一方面是指关于存量空间的管理。简而言之，存量规划的具体工作对象应包括存量空间规划编制及其规划实施管理。

3. 存量规划的特征

存量规划具有与增量规划截然不同的特征。增量规划面对的是未建地区，而存量规划面对的是建成区，两者最大的差异在于土地使用权所涉及的利益主体的复杂程度。对于建成区来说，其土地使用权分散于各个主体，权利关系复杂，这决定了存量规划不是简单的"旧瓶换新酒式"的更新规划，其重点在于转移、整合分散的土地使用权，以及平衡空间再开发红利的二次分配。因此，以物质空间形态设计为主的传统规划手法已很难应对存量规划所要解决的种种问题，存量规划以利益主体的参与形式和土地开发红利合理分配的制度设计为特征。

4. 存量规划的类型

存量规划主要根据规划对象、目标、方法等差异进行分类。存量规划的类型主要分为街区保护型、整体重建型、建筑改造型、环境整治型、设施增补型、空间整合型六种。近些年来，我国部分发达城市相继进行了存量规划的实践探索，如广东的"三旧"改造、北京的南池子历史文化街区保护规划、上海的新天地改造规划等。

2.2.2 理论基础

1. 国外存量规划的研究

20 世纪初，受现代建筑运动影响，西方早期的存量规划将解决城市问题寄托于物质环境设计，大规模推倒重建，忽视历史和文化传承，带来一系列社会问题。通过对功能主义理论的反思，彼得·卡尔索普等提出新城市主义规划理论，该理论重视城镇生活氛围，引导紧凑社区建设，营造传统生活氛围，这对后期的城市存量空间复兴产生较大影响。

第二次世界大战后，大规模的城市存量建设带来了很多社会问题。从社会学角度，简·雅各布斯在《美国大城市的死与生》中指出，城市是多样性的，大规模的、激进式的城市存量建设破坏了城市多样性，消灭了现存的邻里和社会，因此他主张城市建设要讲究连续性和逐渐性，追求城市内在的复杂性，塑造精致的城市，从而实现小而灵活的城市生活。从城市发展历史的角度，刘易斯·芒福德主张城市是人的城市，城市发展应该注意人的精神需求和社会需求。

20 世纪 60 年代，"新陈代谢"规划理论主张城市建设应重视"时间"要素，在可控的"周期"中，解决城市各要素的代谢调节。随着经济发展带来的环境恶化和资源枯竭等现实问题，经济学家波尔丁提出循环经济概念，倡导在物质循环利用的基础上发展经济。在该理念的基础上，20 世纪 80 年代提出了可持续发展理念，主张既满足当代的需求又不对后代满足需求的能力造成危害的发展。在此理念的影响下，城市存量建设逐步转向改造性利用，探索可持续发展建设模式。

1993 年，J.康斯特勒在其《无地的地理学》中指出，自第二次世界大战以来，美国的城市发展松散而不受节制，城市无序蔓延引发巨大的环境和社会问题。他提倡改变现有模式，改造被废弃的传统旧城市中心，建立友好而密切的邻里关系，丰富城市生活内容，但保持旧面貌和尺度。在西方国家对郊区化发展模式的深入反思浪潮中，由政治家、城市领导者和城市规划师共同推动的新城市主义应运而生。坚持以人为中心，强调尊重历史和自然的新城市主义具有广泛的影响力，其强调自然、人文、历史环境的和谐性规划设计，并从区域的角度看待问题，拓展决策的可行性。国外有关存量规划的研究如表 2-1 所示。

表 2-1　国外有关存量规划的研究

阶段	1960 年前	1960 年	1970—1990 年	1990 年至今
对象	贫民窟（内城置换及外围地区发展）	城市旧城区（内城）	重大项目置换与新的发展	注重社会、文化和历史文脉传承的重大项目
目标	清除城市贫民窟，振兴城市经济，提升城市形象	调整城市旧城区（内城）空间结构，优化城市用地布局，改善和更新基础设施	通过私人部门的投资，借助物质环境更新，促使它对社会、文化活动起提升作用	经济、社会、文化和环境等多目标的综合性更新
策略	倾向根据规划对城市旧区进行重建或扩建，郊区生长	注重就地更新与邻里计划，外围地区持续发展	进行开发与再开发的重大项目，实施城外项目	向政策与实践相结合的综合形式发展，强调问题的综合处理
主导机构及作用	政府主导，私营机构承建	私营机构逐渐增强其在规划中的主导作用，政府权力分散	强调私人机构与特别代理，合作模式发展	合作模式发展
行为空间	强调本地与场所层次	区域与本地层次	强调场所与本地层次	引入战略发展观，强调区域活动
经济来源	政府投资为主，私营机构投资为辅	私营机构投资日趋增加	以市场为主导，私营机构为主，公共基金为辅	政府、市场、私人投资等多元合作
环境手段介入	对部分景观进行美化	有选择地加以改善	关注广泛的环境改善	可持续发展理念的介入
主要标志	英国于 1930 年颁布的《格林伍德住宅法》是世界上第一部针对城市更新的法规，随后美国于 1937 年出台了为清理内城的贫民窟而制定的《住宅法》	英国政府颁布了《政府补助法》《住房法》《内城地区法》等法规，美国开展了模范城市化。英国曼彻斯特工业区、伦敦道克兰地区的城市更新项目等	存量规划政策的主题就是放松制度管制，弱化规划的作用，私有主义为主以及公私合作	英国的"城市挑战"计划将 20 个与城市存量规划有关的项目和计划整合成统一基金，即"综合更新预算"
综合评价	政府为主体的一元开发模式无法较好地解决城市发展带来的各类问题，如城市用地扩张带来的土地资源浪费、政府财政赤字过大、空间的社会分工加重等		市场导向的城市更新一定程度上刺激了经济的发展，但不能有效解决根源性问题，又无法对存量建筑等进行合理利用，同时破坏原有的邻里结构，产生社会问题	强化区域综合层面的政策和规划体系，坚持以人为本的理念，激发民众参与热情，重视弱势居民群体并将其纳入城市政策体系中

2. 国内存量规划的研究

"存量"一词在经济学领域运用较多，其被引入规划领域的时间尚短。"存量规划"是对已建成的土地空间（包括未建已批用地）进行"二次开发"的过程，是城市用地迅速扩张难以为继后，建成区土地再利用倒逼形势下的城市规划模式。深圳在新一轮总体规划中明确倡导"存量优化"发展路径，上海也在新一轮总体规划中提出要"盘活存量用地"。存量规划在我国的应时而起，与新时期经济转型、用地增量危机和规划操作的精细化、制度化管理趋势紧密相关，当前仍是一个研究成果不多、需深化讨论的重要领域。

存量规划概念研究从早期以城市更新为主体的研究，到注重城市品质提升，再到强调城市多元利益平衡的发展历程，是对城市存量资源由简单利用到复合利用的过渡。通过对城市存量规划概念的研究，可以看出存量规划具有复杂性和长期性的特点。

20 世纪 80 年代第一次全国旧城改建经验交流会在合肥召开，极大地推进了我国城市保护更新的相关研究。2012 年，在中国城市规划年会专题论坛上邹兵学者提出了"增量规划与存量规划"的概念。在明确提出"存量规划"概念之前，我国对于城市保护的发展理论几乎是以旧城更新与改造为主。国内关于城市更新与存量规划的研究也十分丰富。陈占祥先生将城市更新看作是城市新陈代谢的过程，这要求拆除重建与建筑街区修复并存；叶耀先学者认为城市更新的主要任务是通过整体综合规划达到平衡发展；吴良镛教授指出应该从人文角度对城市整体进行保护改造，其研究都是基于实践提出的；卓想、施媛两位学者认为城市更新是城市资源和空间的振兴，是生活环境质量的优化，是城市活动和文化倡议的动力，以城市复兴为目标，协调合理保护和有效发展历史文物，完成从"后工业城市"向"创造性城市"的顺利过渡；邹兵学者在提出存量规划后对其进行描述补充，认为其是一种以城市更新为目的，调整建成区功能结构的规划行为；刘晓斌等学者将土地利用率放在首要地位，认为不贪图城市用地扩张的规划是真正的存量规划，更加关注产业升级；时匡等学者认为在旧城更新思想指导下的存量规划更加注重城市文脉的延续与空间肌理的修补，面对大量城市存量资源，人们需要做到的是发现并挖掘它们，达成完善城市功能与增强城市活力的目标。

2.2.3 理论核心

1. 完善存量的目标内涵

存量规划应向存量规划的目标内涵转变。为实现将存量规划的目标内涵与国土空间规划的战略目标内涵相统一，让存量工作真正服务于规划实施的目标，明确城市存量开发的方向成为下一步改造的首要任务。一方面，当前各地存量开发目标缺乏与自身城市发展目标的紧密对接，处于从增量规划转向存量规划的过渡时期，用地存量开发的重要性日益凸显。另一方面，在新时代生态文明建设的背景下，存量规划将成为城市发展的重要方向。

2. 落实规划的存量先行

存量规划应向存量先行的规划编制体系转变。在宏观层面，存量规划主要起到目标调控作用，在对接市县级国土空间总体规划的基础上，明确中长期战略目标、时序安排、总体规模、存量实施策略等，并结合国民经济和社会总体规划，编制近期规划，对总体规模进行分解，进一步明确短期目标与重点任务。在中观层面，存量规划对接详细规划，主要起到统筹协调作用，划定再开发单元，既要落实上级规划要求，也要尽可能保证单元实施存量先行的可操作性与资金平衡，编制用地存量再开发单元规划。在微观层面，存量规划应明确项目内各个地块再开发细则，编制用地存量再开发项目实施方案，包括地块改造方案、可行性研究报告、政策处理意见等。例如，南京市江苏园博园的生态修复建造实践项目，场地原为一处水泥工厂，有别于一般的工业遗产治理项目，该项目的改造设计更多聚焦在厂区绿色生态修复上，尽可能遵从绿色设计的核心价值，以真实、克制的方法有限度地改造。改造后的工业遗产迎来结构、温湿度、光照等性能的提升；空间更开放，更具灵活性和适应性，以"嫁接"并不确定的新业态和新功能；外观形象既保留旧日的痕迹，又成为新技术、新时代精神的载体。改造后，场地从一处荒废的空间场所，转而成为更可持续的、充满活力的建筑，如图 2-3 所示。

（a） （b）

图 2-3 江苏园博园改造项目前后对比

（a）改造前；（b）改造后

3. 推动存量的实施创新

存量规划应向各阶段创新化的多过程存量实施转变。用地存量再开发主要涉及项目申报、单元划定、方案编制、项目审批、实施监管 5 个阶段，加强各阶段的政策创新，将有效推动存量开发的顺利实施。

1）项目申报阶段

通过放宽协议出让的土地供应、补缴地价优惠等方式，吸引权利主体或市场主体自下而上地申报开发项目，并鼓励在项目内适当增加公益性用地规模。

2）单元划定阶段

允许按照等面积、等用途的原则，对开发单元内地块或在单元内外地块之间进行土地置换。

3）方案编制阶段

根据实际情况和科学论证设定各类性质用地中主导用途和其他用途的合理比例以及可混合用地兼容表，提高用地开发的灵活性。

4）项目审批阶段

设置专项审批通道，简化相关审批流程，规范土地市场秩序，涉及出让的必须集体决策、公示结果，确保改造开发过程公开、公平、公正。

5）实施监管阶段

建立存量用地开发利用考核指标体系，探索存量用地开发利用奖励机制，对用地开发工作完成情况较好或超额完成任务的区域，可部分返还土地出让收入，用于激励基础设施和公共服务设施建设、产业升级等。实行"以存量换增量""增存挂钩"的机制，新增用地指标应通过盘活存量建设用地获取，并将存量实施工作纳入地方政府及相关部门的考核内容中。

4. 开放多元的主体参与

存量规划应向开放多元的主体参与转变。存量规划的全过程需要政府、市场和社区等多个主体的共同参与，强调项目实施的利益共享与责任共担。在我国现阶段存量规划的编制过程中，政府与市场的力量发挥着强势主导作用，而在我国大多数城市，由于社区组织尚不成熟，以及居民教育水平有限，社区还无法在城市发展决策或城市空间的变化中发挥很大的影响作用，但不成熟的"社会力"并不等于可以将社会利益排斥在决策之外。公民社会成熟的最重要标志是市民权利的自由表达，只有平衡各主体的利益分配格局，才能保证存量规划的顺利推行，存量规划的重点在于存量空间再开发的利益共享与责任共担的政策制度设计，而开放多元化的主体合作参与模式将是存量规划有效实施的重要推动力。

2.3 绿色建筑理论

2.3.1 基本原理

1. 绿色建筑的概念

绿色建筑是指在建筑的全寿命周期内，最大限度地节约资源（节能、节地、节水、节材）、保护环境和减少污染，为人们提供健康、实用和高效的使用空间，与自然和谐共生的建筑，如图 2-4 所示。绿色建筑是针对全球环境破坏及可持续发展等问题所提出的概念，是人类实现可持续发展的重要一环，是社会文化中的绿色文化。简单地讲，绿色文化是人与自然协调发展的文化，是人类可持续发展的文化，它包括绿色思想以及在绿色思想指导下的绿色产业、绿色工程、绿色产品、绿色消费等。绿色建筑是绿色文化的重要组成部分。

(a)　　　　　　　　　　　　　　　　(b)

图 2-4　绿色建筑示例

(a) 杭钢遗址公园配煤仓；(b) 德国北杜伊斯堡景观公园

绿色建筑也指在建筑的规划设计、施工建造、后期拆除中充分结合自然环境因素的建筑。具体来说，在建筑初期的规划设计阶段，采用适当的绿色建筑设计方法；在建筑中期的施工建造阶段，采取适当的绿色建筑施工工艺，最大限度地减少对自然环境的影响，并且在建筑物的使用过程中最大限度地达到健康、舒适、无害、低能耗的标准。同时，在对不使用建筑进行拆除的过程中以及拆除后，不会对周围的环境造成不利的影响。

2. 绿色建筑的动因

绿色建筑的动因是随着环境问题的恶化、人类文明环保意识的觉醒和人类生活各个方面对绿色环保的需求而逐渐呈现出来的。随着科技的突飞猛进和生活的日新月异，人类对于物质生活的需求越来越高。自 20 世纪 80 年代以来，人类为满足自身需求不断加大对自然资源的开发和利用，导致全球环境问题频现。

资源环境问题是影响我国国民经济和社会发展的重要因素，对于能源消耗量大、建筑总量也大的中国建筑业，如何提高资源利用率、减轻环境负担成了发展的重要问题。

3. 绿色建筑的角度

对于绿色建筑的角度，可以从建筑专业角度和非建筑专业角度两个层面来看。从建筑专业角度来看，所有的建筑环节中，设计是最为重要的一环。绿色建筑设计应体现大局与细节相结合。在大局上，要考虑结合当地的环境、气候等自然条件，设计出的建筑形式应该能够尽量有效利用自然条件，达到节能减排的目的。从非建筑专业角度来看，最能影响绿色建筑理念的就是政府决策者的态度。虽然目前我国的绿色建筑数量一直在增加，但总的建成量还远远不够。这就需要政府、业主或开发商、设计师以及使用者的协同合作，才能使得绿色建筑以更为良性的方式发展。

4. 绿色建筑的特点

1）**人与自然和谐相处**

人与自然和谐相处具体表现在人们使用建筑物时可以感受到自然的气息。绿色建筑将外部的空气、阳光、植物等自然环境因素与建筑物相连接，优化了建筑布局，进一步扩展了建筑格局，突破了传统建筑封闭式格局，使人们能够更加近距离地接触自然环境、更加舒适。

2）**低碳环保、成本低**

低碳环保、成本低具体表现在建筑在建造过程中尽可能地节约资源、能源，充分结合建筑的建造环境，使用低碳环保材料，利用可再生能源，最大限度地发挥自然优势，确保建筑建造对自然环境的影响最低，即使建造和使用过程中对环境产生了污染，也可被自然环境所净化。

3）**环境健康舒适**

环境健康舒适具体表现在绿色建筑在设计过程中充分结合实际情况，合理布局建筑物；充分利用建筑选址优势，利用好光照和自然风；充分结合大量的人类生理、心理方面的研究，考虑到人们的居住和使用情况。另外，采用健康、无污染的建筑材料，确保不侵害人们的身体健康。

2.3.2 理论基础

1. 国外绿色建筑的研究

近十几年，绿色建筑概念开始广泛受到全球重视，但国际上关于绿色建筑课题的提出和研究早在 20 世纪 30 年代就已经开始，部分专家早已意识到人类对于自然资源的不合理开发和利用，必将导致生态环境的破坏，长此以往必然会给人类自己造成不可承受的灾难。

20 世纪 30 年代，美国建筑大师 B.富勒就曾提出，人类的建设发展需求要与地球生态环境、自然资源相结合，应以提高自然资源的利用率来满足人类日益增长的生产生活需求，而不能以加大开发资源来促进人类发展。20 世纪 60 年代绿色建筑理论在行业研究中步入正轨，与此同时美国建筑师保罗·索勒瑞提出了生态建筑学，生态学概念首次被引入建筑学当中。在 1973 年、1979 年两次石油危机后，能源、环境问题在全球凸显，工业发达国家开始对建筑节能实践展开研究，绿色建筑理论逐渐得到了各国建筑业界人士的重视。从 20 世纪 90 年代初，绿色建筑理论进入全面研究阶段。1993 年美国出版了《可持续发展设计指导原则》一书。同年 6 月，国际建筑师协会在芝加哥举办的第十八届世界建筑师大会上通过了《芝加哥宣言》，号召全世界将可持续性发展思想列为建筑师职业及其责任的核心，继续推动现代绿色建筑发展。

进入 21 世纪后，绿色建筑理念深入人心，在建筑业界广受关注，人们对居住环境的要求和对绿色环保理念的认识有了很大程度的提高。绿色建筑实现了由理论到实践的第一次飞跃。

2. 国内绿色建筑的研究

1986 年我国颁布的《北方地区居住建筑节能设计标准》，标志着我国的绿色建筑思潮涌现。1999 年在北京举办的第二十届世界建筑师大会上，国际建筑师协会通过了《北京宪章》，标志着我国对现代绿色建筑的研究正式启动。2002 年围绕着2008 年将在北京举行的奥运会，科学技术部及奥运会相关负责机构联合提出了绿色奥运的概念，自此绿色建筑理念首次在国内实践中得到了具有代表性的应用。2005年建设部颁布《绿色建筑技术导则》；2006 年建设部正式颁布《绿色建筑评价标准》（GB 50378－2006），如图 2-5 所示，绿色建筑在我国有了统一的概念。

图 2-5 《绿色建筑评价标准》

2.3.3 理论核心

1. 以人为本的绿色建筑

绿色建筑的设计和应用要注重使用者的感受，建筑工程项目的主要目的是满足人们生产生活所需。在建筑设计过程中，应该注重结构选型，考虑结构的低碳环保，节约能源资源；并注重结构的耐久性和灵活性，减少建筑物维修和拆建时的能源消耗，节约投资成本；还要注重建筑内部的空间，确保内部空间的宽敞和洁净，给人以舒适的感受。

2. 人与自然的和谐共生

现代绿色建筑是人与自然和谐共生的建筑，以实现人、建筑、环境三者之间的和谐统一为最终目标。如图 2-6 所示，绿色建筑在理念上贯彻绿色平衡，在设计上强调自然化、集成绿化配置，在思想上提倡不断创新技术。

（a） （b）

图 2-6 绿色构筑物案例

（a）德国北杜伊斯堡景观公园构筑物；（b）美国高线公园高架铁路

3. 资源环境的有效利用

绿色建筑设计要考虑资源的有效利用，其中涉及的资源有水、土地、材料等。在资源的有效利用中要体现节约利用、重复利用和循环利用等。 即尽可能地减少资源利用，包括对资源的使用量和消耗量的减少，从而降低污染排放；尽可能地保证在建筑的整个生命周期中多次重复使用一些建筑构件和材料等；尽可能地考虑建筑资源的循环利用，采用可再生资源，考虑能源、废料等的循环利用。

4. 地域环境的自然结合

绿色建筑设计要注重地域特色，并与地域自然环境相结合。 绿色建筑设计时要考虑建筑的地域性，尊重地方文化和乡土民俗，充分利用建筑场地中的阳光、气候、风、水、土地、绿植等自然因素，尽可能地采用当地建材、地方能源等，减少运输消耗；同时要考虑建筑室内外环境和周边环境的建设。 对于建筑室内外环境，要满足使用者的生理和心理需求，强调安全、健康、舒适；对于建筑周边环境，要尽可能地减少对其的污染。

2.4 空间共生理论

2.4.1 基本原理

1. 共生理论的概念

共生理论是指在同一环境里不同要素单元之间互融共生，形成紧密互利关系。共生理论与现阶段的城市更新，尤其是城市更新中的文化延续和活力再生具有逻辑上的一致性。

共生最开始是一种生物学的概念，最早由德国的真菌专家德贝里提出。 在希腊文中，"共生"的字面含义是"共同"和"生活"，主要是指两种生物通过各种方式紧密地联系在一起，如果其中某种生物发生变化，那么另外一种也会受到严重的影响。 大部分生物都不知道自己在帮助另一种生物，它们只是在选择一种对自己有利的生存方式，这两种生物之间最显著的特点就是互惠关系。 20 世纪 80 年代，日本建筑师黑川纪章提出了"共生理论"。

2. 共生理论的分类

单重共生系统由共生单元、共生模式与共生环境三个基本要素组成，单重共生系统结构如图 2-7 所示。 任何共生关系都是三个基本要素相互作用的结果，共生单元是构成共生关系和系统的基本组成部分，共生模式是指共生单元间相互作用方式和物质能量的交换关系，共生环境是共生关系存在和变化的外部条件。 其中共生单元是基础，共生模式是关键，共生环境是外部条件。

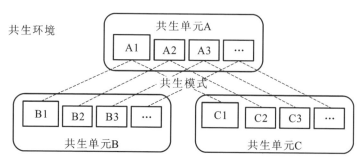

图 2-7　单重共生系统结构

多重共生系统类似等级包含关系的共生单元，包含多个单重共生系统。 多重共生系统运用分层分级的研究方法，由共生的三个基本要素构成各个子系统，再由多个并列关系的子系统构成多重共生系统结构，如图 2-8 所示。 子系统之间的共生关系以及各子系统内部共生关系同等重要，二者彼此协调，共同实现多重共生系统共生效益的最大化。

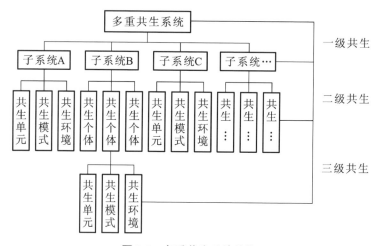

图 2-8　多重共生系统结构

3. 共生理论的应用

共生理论应用于多种领域和多种学科，包括建筑设计、城市规划和工业遗产保护等。

共生理论在建筑设计中的应用，是从黑川纪章将生物学的"共生"概念应用在建筑学上开始的。黑川先生最早将共生理论应用于中银舱体大楼，140 个舱体可以根据空间的需求进行组合变化，是生命时代典型的代表。在随后福冈银行总部的设计中运用了"灰空间"的手法，将室内空间和室外空间有机地结合在一起，达到内部和外部共生。同样的手法也运用到了琦玉现代美术馆的设计中。

共生理论在城市规划中的应用，主要是在城市发展战略研究方面。其所要求的共生条件包括共生体之间存在共生的需求，需要为共生体创造或挖掘它们之间产生的相互接近和吸引的共生力，共生体之间要有较为一致的共生目标，如此共生的结果才能产生共生效应。

共生理论在工业遗产保护中的应用，最早是由陈军在堡头工业遗产绿色重构中提出"共生发展之道"的策略，并指出共生发展之道就是社会、经济与空间环境的和谐共生。依据堡头老工业基地复兴发展的特点，陈军提出"共生"之道的实施策略由刚性共生控制规划、空间引导共生规划、弹性发展共生规划三部分构成，并通过动态监控时序规划来保证规划理念与目标的实现。

4. 共生理论的意义

共生理论的意义是通过共生思想去观察和思考社会中政治、经济、文化等方面的问题，能够从更深层次抓住事物的本质和内涵，从而不断优化和推进事物的持续发展。共生思想在各个领域的发展表明合作和协商已经成为"共生"的本质思想，互惠共生是人类与自然和谐相处的必然趋势。从城市和建筑发展的角度来看，旧工业构筑物绿色重构也是我们社会更新发展中的重要组成部分，运用共生理论来解决我国现在旧工业构筑物绿色重构中所存在的问题具有重要的理论和现实意义。

2.4.2 理论基础

1. 国外共生理论的研究

在近代社会的发展过程中，共生理论起源于生物学领域的研究。1879 年欧洲的真菌学者德贝里指出，生物概念中的共生是一起共存的不同种属，强调生物体彼此间的物质联系，是一种自然界的生物自组织现象，它们在生存过程中相互依存，并在与环境抗争的过程中协同进化，是一种和谐发展的生存模式。20 世纪中叶科勒瑞及刘易斯对共生现象做了进一步研究，提出共生、互利共生、共同居住、寄生等关于不同种属生物间不同的关系状态，他们的研究在完善共生理论的同时也对生物间的物质联系有了更深的思考。后来斯科特进一步定义了共生的概念，即两种或多种生物共同生存的平衡状态，生物体之间的物质联系是共生关系延续周期的重要特征。

共生理论经过不断的发展完善，相关研究已经由生物学领域渗入经济学、社会学等多个领域。城市建设方面，20世纪中后期，世界建筑发生了多元化的发展趋势，芝加哥学者将生态学的相关理论应用在城市社区共生机制的相关研究中。之后黑川纪章首先提出了"共生城市"的规划概念，根据时代发展的趋势，他认为未来会发展出多功能混合的共生城市，其存在的方式更加复杂多元。总的来说，黑川纪章共生思想的形成分为三个阶段，分别为：第一阶段为20世纪70年代前期，他提出了"新陈代谢"概念，主要围绕建筑的生长及新陈代谢的模式进行研究论述；第二阶段为20世纪70年代中后期，他创造了城市和建筑中的"灰空间"理论；第三阶段为20世纪80年代，他发展出"新共生思想理论"，并对其进行研究与完善。

2. 国内共生理论的研究

1）社会学方面的和谐共生理论研究

生物学中的共生状态也出现在社会学领域，社会学中的共生现象体现在文化的共存，并依赖于人们的不同意识及对不同经济利益的不同解释。2002年，胡守钧在其著作《走向共生》中首次将共生理论运用于国内的社会学领域，他认为在这个共生的时代，多元的人类文化共存比起二元的个人、民族、群体的存在方式更趋于理性。2004年，李思强在《共生构建说：论纲》一书中，基于对易经文化的研究，提出共生的构建需要各个共生单元间取长补短，协同合作，和睦共存，和谐发展，书中详细阐述了由共生的和谐原理等五项基本原理组成的共生基本原理。2006年胡守钧又出版了《社会共生论》一书，其中主要提到，社会共生宏观层面涉及政治、经济及文化等方面，而微观层面涉及人们所处的社区、群体及家庭等方面，以人人平等为前提的共生社会主要依赖资源的交换及共享，可以体现为社会中权利及义务的交换，而社会的共生关系的演化形成则依赖社会不同主体在一定约束下进行妥协与争斗的过程，使得社会共生关系及秩序由旧转新。

2）环境学方面的和谐共生理论研究

和谐共生理论在生态学中的运用不单指自然界的生态共生，更是指人类与自然生态环境的和谐共生，强调两者的互利共存。秦耀辰在2009年出版的《中原城市群科学发展研究》一书中提出的生态城市概念，主要是指人类社会系统与区域自然生态系统实现和谐共生目标的城市，书中探讨了城市与环境共生的本质，并研究了如何将共生理论运用于城市规划中；陈锦赐也在他的论文中提出了环境共生和共生环境两个概念，其中环境共生指人与自然生态环境相处的关系及法则，是人类与自然环境和谐共存的生产生活方式；林庆纬在其硕士论文《环境共生理念在城市住区外部空间的运用》中阐述了以可持续发展环境共生为前提，制定住区外部空间的规划原则及方法。

3）城市规划及建筑学方面的共生理论研究

共生思想从生物学领域发源，之后社会学、经济学、生态学等学科也对其加以研究及运用。从芝加哥学派的城市社会生态学到黑川纪章的新陈代谢理论与新共生思想理论，共生理论逐渐被运用于城市规划及建筑学领域。吴良镛先生的《北京旧城与菊儿胡同》一书中提到了"有机更新"，它论述了"共生思想"中新与旧的共生，指的是遵循有机秩序的发展，在维护旧城古风貌的同时，安置一些随着时代发展更新的新建筑，从而展现旧城的有机新面貌。何镜堂先生强调设计应遵循"二观三性"，二观为整体观和可持续发展观，三性为地域性、文化性和时代性，这与"共生理论"有异曲同工之妙。近年我国学者们在规划与建筑领域对共生思想的研究与运用也有着丰富的成果。

2.4.3 理论核心

1. 承上启下的时间共生

共生理论是时间上承上启下的共生。黑川纪章一直寻求传统历史与现代文明的结合点，实现历史与未来的共生。换言之，即从纵向的时间角度出发，强调文化的传承性和延续性。此外，黑川纪章强调，现代和传统是辩证统一的关系，传统必须被正确地继承，取其精华，去其糟粕。

2. 兼容并蓄的文化共生

共生理论是文化上兼容并蓄的共生。本地文化与异质文化的共生可理解为人文上的共生，即人文因素之间的和谐。全球化进程仍然在继续，席卷经济、文化等各个领域，文化上的大交融有利于人际交流，同时也存在本地文化与异质文化的碰撞。不同文化并非不可共生，东西方文化在"求同存异"的原则下，在确保本地文化主体地位的同时，允许一定比例异质文化的存在，有利于丰富文化的多样性，甚至碰撞出新的火花。

3. 整体协调的结构共生

共生理论是结构上整体协调的共生。部分与整体的共生、内部与外部的共生属于结构上的共生。结构上的共生是指将有机组合部分进行科学重组，使之具备单个部分没有的功能，从而发挥整体的巨大功效。城市是一个生命有机体，是一个开放的系统，有"人工生命"的性质。

4. 自然兼容的情感共生

共生理论是情感上自然兼容的共生。宗教与科学的共生、感性与理性的共生同属于情感上的共生。从某个角度来说，宗教倾向感性，是情感的寄托；而科学侧重理性，强调现实的存在，两者在各自领域发挥作用。

2.5　可持续发展理论

2.5.1　基本原理

1. 可持续发展理论的概念

可持续发展是既满足当代人的需要，又不对后代人满足其需要的能力构成危害的发展。它包括两个重要的概念："需要"的概念，尤其是世界上贫困人民的基本需要，应将此放在特别优先的地位来考虑；"限制"的概念，技术状况和社会组织对环境满足眼前和将来需要的能力加以限制。

可持续发展并不是只注重环境保护领域，而是提倡一种共赢的理念，即可持续发展既要保证设计及建造过程对周边环境的破坏很低，也要保证建筑的低能耗，同时还应更多地考虑使用者与建筑之间的契合度，以及这个建筑能给社会带来的经济和文化等各方面的效益。

2. 可持续发展理论的动因

由于各个国家盲目追求经济上的增长，忽略环境的承受能力，因此引发了一系列环境污染、生态恶化的严峻生态问题。寻求发展是各个国家摆脱贫困、走向工业化和现代化道路的必要途径。随着全球社会实践的不断深入，人们寻求发展的方式也逐渐产生变化。传统的发展理念强调把国民经济增长当作衡量发展水平的唯一指标，把追求工业化、现代化当成唯一宗旨，因此引发一系列生态环境问题。自此，人类对自然的认识开始发生转变，对传统的经济发展模式进行反思，加深了对经济、科技、环境、文化和人口等因素的综合考量，从而提出"可持续发展理论"。

3. 可持续发展理论的内容

可持续发展理论的内容主要包括三方面，分别是经济、社会及环境的可持续发展，如图 2-9 所示。

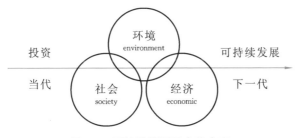

图 2-9　可持续发展理念的内容

1）经济的可持续发展是可持续发展的核心内容

与环境和谐统一的经济发展是经济可持续发展的核心。经济可持续发展首先要以科学发展观为指导，从思想和生产模式上完全摒弃过去过度依赖资源的粗放式发展模式，转型为依托经济全球化和科技进步发展经济，更多地使用清洁能源，更高效地进行原料、人员、设施、资金及土地的使用和配置。

2）社会的可持续发展是可持续发展的基础目的

无论是对于全球还是一个城市，在自然环境承载范围内的人口规模都是社会能否可持续发展的基础，对人口规模的控制关乎对粮食、土地以及各种资源的优化配置。社会的可持续发展也包括人口素质的提高、人口结构的优化、社会福利的提升、社会治安的改善和社会就业的优化等。

3）环境的可持续发展是可持续发展的理念初衷

可持续发展思想的提出是伴随人们对环境恶化的重视而来的，是人们对环境保护的重要性不断地深入认知而来的，是人们对自身活动与环境关系的不断探寻而来的，人们不断拓展和深化对可持续发展的理解与认识，因为生态环境的可持续发展是可持续发展理论的初衷，也是始终贯穿这一理论的最为重要的组成部分。

4. 可持续发展理论的内涵

可持续发展理论的内涵包括可持续发展的共同发展、协调发展、公平发展、高效发展和多维发展五个层面。

1）共同发展层面

整个世界可以被看作是一个系统、一个整体，而各个国家或地区是组成这个大系统的无数个子系统，任何一个子系统的发展变化都会影响整个大系统中其他子系统的发展，甚至会影响整个大系统的发展。

2）协调发展层面

协调发展包括两个不同方向的协调，从横向来看是经济、社会、环境和资源四个层面的相互协调，从纵向来看包括整个大系统到各个子系统在空间层面上的协调。可持续发展的目的是实现人与自然的和谐相处，强调的是人类对自然有限度的索取，使得自然生态圈能够保持动态平衡。

3）公平发展层面

不同地区在发展程度上存在差异，可持续发展理论中的公平发展要求我们既不能以损害子孙后代的发展需求为代价而无限度地消耗自然资源，也不能损害其他地区的利益来满足自身发展的需求，而且一个国家的发展不能以损害其他国家的发展为代价。

4）高效发展层面

人类与自然的和谐相处并不意味着一味以保护环境为己任而不发展，可持续发展要求我们在保护环境、节约资源的同时要促进社会的高效发展，是指经济、社会、环境和资源之间的协调有效发展。

5）多维发展层面

不同国家和地区的发展水平存在很大差异，同一国家的不同地区在经济、文化等方面也存在很大的差异，可持续发展强调综合发展，不同地区可根据自己的实际发展状况，结合自身情况进行多维发展。

2.5.2　理论基础

1. 国外可持续发展理论研究

可持续发展思想在国际上被正式提出是在 20 世纪 80 年代中期。詹姆斯·拉伍洛克以其著作《盖娅：地球生命的新视野》（图 2-10）推动了"盖娅运动"的兴起。这一时期，绿色建筑在英国、德国等欧洲发达国家得到了很好的应用，绿色节能建筑体系也日趋完善。2002 年 9 月，在里约热内卢会议召开十周年之际，为商讨世界未来可持续发展规划，联合国在南非召开了世界首脑会议。在会议上，代表们全面审议了《里约环境与发展宣言》和《21 世纪议程》，并且进一步讨论通过了推进全球可持续发展的具体计划。

2. 国内可持续发展理论研究

我国政府为了进一步落实《里约环境与发展宣言》，编制了《中国 21 世纪议程——中国 21 世纪人口、环境与发展白皮书》（图 2-11），该书第一次将可持续发展战略作为我国中长期发展战略，并在十五大中将可持续发展战略界定为现代化建设中必须实施的战略。国内众多学者围绕区域可持续发展的定义进行了较多论述，将可持续发展理解为是既满足当代人的需要，又不对后代人满足其自身需要的能力构成危害的发展，是被普遍接受的。

图 2-10 《盖娅：地球生命的新视野》

图 2-11 《中国 21 世纪议程——中国 21 世纪
人口、环境与发展白皮书》

2.5.3 理论核心

1. 经济提升的可持续发展

在经济可持续发展方面，可持续发展鼓励经济增长，而不是以环境保护为名取消经济增长，因为经济发展是国家实力和社会财富的基础，但可持续发展不仅重视经济增长的数量，更追求经济发展的质量。可持续发展要求改变传统的以高投入、高消耗、高污染为特征的生产模式和消费模式，实施清洁生产和文明消费，以提高经济活动总的收益，节约资源和减少浪费。

2. 社会和谐的可持续发展

在社会可持续发展方面，可持续发展强调社会公平是环境保护得以实现的机制和目标。可持续发展指出世界各国的发展阶段可以不同，发展的具体目标也可以各不相同，但发展的本质应包括改善人类生活质量，提高人类健康水平，创造一个保障人们平等、自由、教育、人权的社会环境。

3. 资源平衡的可持续发展

在资源可持续发展方面，可持续发展要求经济建设和社会发展要与自然承载能力相协调。发展的同时必须保护和改善地球生态环境，保证以可持续发展的方式使用自然资源，使人类的发展控制在地球承载能力之内。

4. 技术创新的可持续发展

在技术创新的可持续发展方面，可持续发展是指通过技术工艺和技术方法的不断改进，在增加经济效益的同时，实现环境和资源的可持续。 在技术层面，可持续发展是指通过技术体系的创新，不仅要提高生产效率，还要减少污染物排放对资源的消耗和对环境的破坏。

3

旧工业构筑物绿色重构价值分析

3.1 技 术 价 值

3.1.1 基本内涵

旧工业构筑物是工业遗产技术价值的重要载体，随着科技的发展和时代的进步，特定年代的旧工业构筑物记录了当时的技术创新与产业革新，具有一定的技术价值。旧工业构筑物本身的技术和结构都是比较复杂和严谨的，因此绿色重构的实践与应用也可以成为后人做建筑设计时参考的样本。

旧工业构筑物绿色重构的技术价值，既指在旧工业构筑物重构过程中所表现出的实用性，包括对安全、投资、文化、生态和社会等方面起到的推动作用，也指在重构过程中所表现出的技术性，包括在建筑材料、实施工程、流程设计等方面起到的优化作用。通过对旧工业构筑物进行绿色重构，可以延长其使用寿命，降低拆除重建频率和成本，改善环境污染状况。技术价值是一种社会性价值，通过绿色重构，可以创造性地满足社会对旧工业构筑物新的使用要求，使其表现出再次服务社会、满足大众需求的特性。

3.1.2 价值构成

1. 行业本身的技术价值

行业本身的技术价值构成主要取决于生产设备或工艺流程是否在当时处于领先地位，在规模和技术上是否在同行业中曾经占据主导地位，是否代表当时生产力的先进水平，是否具有工业科技上的代表性等。

旧工业构筑物与一般的民用建筑相比，在重构上具有更明显的技术价值：空间结构大都为钢筋混凝土框架或排架结构，部分构筑物空间宽敞高大；出于生产流程的需要，平面形式规则、简单、整齐；立面大都为现代风格，一般造型简洁、平整、可塑性强；原有高容量的给排水、电力电信、燃气动力等基础设施，不仅为绿色重构提供了良好的基础，还有效地缩短了建设周期，更减免了重建主体结构、清理建筑垃圾以及重新购置土地等消耗的多项开支。

2. 构筑物的建造技术

工业构筑物相比建筑物而言，更迭频率较快，在数量上占据优势，因此可以揭示社会发展中工业流程及生产活动的延续与变革，体现科学技术对工业发展所产生的重要影响，有助于提高科技发展的研究水平，体现了旧工业构筑物的重构价值，并启迪后人在技术方面的绿色再创造。 如北京751厂留存的79罐是北京第一座低压湿式螺旋式大型煤气储罐，始建于1979年，直径67米，面积3500平方米，全部升起后高度可达68米，展现了当时的工艺和技术水平，同时反映了当时的工业建筑风格，如图3-1所示。

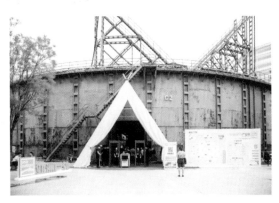

图3-1 北京751 D·PARK 79罐

此外，旧工业构筑物在绿色重构中，重视拆除废弃物与施工中产生的构筑物垃圾的再生利用是使废弃物"减量化"和"再利用"的一项技术措施。 例如可将结构施工的垃圾经分拣粉碎后与砂子混合作为细骨料配置砂浆；废弃混凝土块经过分拣、破碎、筛分、配合混匀，形成多种规格的再生骨料后可用于配制混凝土，其抗压强度可满足设计要求，其他力学性能指标和耐久性指标与普通混凝土接近，甚至可以配制泵送混凝土等。

3.1.3 表现形式

绿色重构的技术价值在材料、结构和建造技术等方面都有所体现。

1. 建造材料

在旧工业构筑物绿色重构中，绿色选材非常重要。 选择合适的绿色建材既能保证构筑物无污染，又能保证构筑物的安全性，还可以让构筑物产生一些对比变化。

绿色重构设计要考虑资源的合理利用及循环利用的可能性，构筑物选材时应严格遵守国家相关政策，禁用或限用实心黏土砖，少用其他黏土制品；积极选用利废型建材产品，如利用页岩、煤矸石、粉煤灰、矿渣等废弃物生产的各种墙体材料；选用可循环使用的建材产品，如连锁式小型空心砌块。 在选择新材料及能源时尽可能选择无污染且可再生的（如风能、太阳能、生物质能等），如图 3-2、图 3-3 所示。

图 3-2　复合材料改造的筒仓和工业集装箱

图 3-3　复合材料改造的粮仓

2. 构筑物的施工建设

在旧工业构筑物绿色重构中，一般会将结构非常不安全、无利用价值的构筑物拆除，而为应对周围环境复杂情况，满足安全及环保要求，往往不能采用传统的爆破、破碎锤破碎等拆除方法。而绿色建造和拆除施工技术等先进手段，既能解决以上问题，还能缩短工期、减少资金投入。

旧工业构筑物在建造之初，主要是为不同工业加工或生产服务的，类型多样。部分构筑物空间开敞、跨度较大、结构十分坚固，结构寿命一般远远超过其功能使用年限，能满足长时间、多样化的使用需求。随着产业不断升级，在保持原有构筑物形态不做大规模改变的前提下，应发挥其结构空间可以灵活划分、结构包容度大、形态多样等优势，为绿色重构提供更多的可能性，如图 3-4、图 3-5 所示。这样既保护了旧工业构筑物的形态，还可以节省大量的拆迁费用和重建成本，实现对旧有环境的优化，体现出极大的技术价值。

图 3-4　筒仓集体保留再重构

图 3-5　烟囱类构筑物结构

在旧工业构筑物绿色重构的施工建设中，结构安全同样是技术价值的表现形式之一，包括安全性、牢固性以及耐久性等。其中，安全性由两方面组成，一是设计和施工标准，二是旧工业构筑物的检测和维修。影响结构安全的因素如下。

1）旧工业构筑物结构的安全性

结构安全性主要是对结构构件承载能力的安全性进行评定，主要包括两个方面的控制：一是旧工业构筑物最初的设计工作以及施工过程中的质量控制；二是旧工业构筑物在使用中的维护、检测工作。

2）旧工业构筑物结构的牢固性

目前，牢固性较差已经成为影响旧工业构筑物结构安全性能的主要因素，引起了建筑行业的广泛重视。虽然部分结构的牢固性差暂时并不会对构筑物的整体结构造成严重的危害，但是一旦发生事故，局部的不稳定就极有可能造成整体结构的安全受损。

3）旧工业构筑物结构的耐久性

耐久性主要是指旧工业构筑物结构的整个使用寿命，能够在规定的年限中发挥正常的使用功能。在对旧工业构筑物进行绿色重构时，应该综合考虑湿度、温度、雨水、有害物质的侵蚀等外界环境因素对构筑物结构耐久性的影响，真正提高构筑物结构的安全性。

在调研中发现，根据建造的年代不同，旧工业构筑物有木结构、砖混结构、钢筋混凝土结构等。由于不同建设时期的设计标准和建设技术的限制，很多旧工业构筑物没有考虑抗震、防火等安全防灾要求，使得构筑物的安全性较低。此外，由于年久失修，老化严重，整体结构的安全性降低，许多旧工业构筑物出现了不同程度的损毁，还有部分构筑物已经倾斜或出现较大裂缝，个别已经倒塌。由此可见，旧工业构筑物结构上的安全隐患巨大。

3. 绿色工艺流程的设计

旧工业构筑物服务于工业生产、加工或运输，其形式主要取决于工艺流程的功能需求，往往条件单一、目的明确，且其原始功能会随着工厂的废弃而停止。如何使旧工业构筑物在重构后满足新的使用需求是旧工业构筑物绿色重构的基础，也是难点所在。旧工业构筑物绿色重构是一种全新的改造形式，既具有一般改造工程的共性，又具有需要单独考虑研究的特性。成功的绿色工艺流程的设计，不仅可以对旧工业构筑物实现原真性保护，还可以带来打破常规的功能体验，通过功能的巧妙转换与形式结合，使旧工业构筑物重获新生。

3.2   经 济 价 值

3.2.1   基本内涵

由于生产工艺的特殊性，旧工业构筑物内部空间形态大小各异，例如常见的储藏仓库、冷却塔、船坞等，往往都具有特异的外形及完整的结构，这些可利用的空间和结构为重构提供了多元化的选择，其再生经济价值不可忽视。绿色重构免去了拆除重建的巨大费用，重构之后带来的经济效益和社会效益极高，有些改造过程还可以制造就业机会，这样不仅促进了经济的发展，还推动了社会的有序进步。

随着城市化规模进一步扩张，土地价格升高是很多城市发展的基本现状，被废弃或即将废弃的工业构筑物所在地段的商业价值也在不断提升。而且旧工业构筑物拥有占地面积大、空间开阔的特点，这些都使其原有空间场地具有较好的重构潜力。旧工业构筑物绿色重构，除了体现出环保、低碳、节能这样一些成长属性的特征，也包括相应形成的绿色品牌，以及表现为各种形式的绿色商品，从而能够促进经济建设的发展，推动经济社会的协调与平衡。

3.2.2   价值构成

1. 旧工业构筑物的土地价值

从城市区位和土地价值来看，很多旧工业构筑物所在的老工业区位于现在城市的中心，有较好的区位条件，是发展高附加值的现代文化创意产业以及高新技术产业的理想之地。将旧工业构筑物结合相应产业规划进行改造，可以激发地区活力，塑造地区文化特色，吸引更多游客参观或企业入驻，在创造二次收益的同时也能够促进地区产业结构转型，拉动当地新型产业的发展。

随着城市的发展和扩张，以及城市产业结构的重新调整，城市的工业重心向新兴工业区或郊区转移，工业旧址由偏僻的河岸江滨或郊区地段转变成了城市中心或面江临河的优良地段，土地价格升高使其所在地段具有较大的商业价值。可通过加建、扩建或插建等扩大空间容量的方式进行绿色重构，进一步打造旧工业构筑物的经济价值。

2. 绿色重构中节约成本

在工业遗产保护的初期，大量旧工业构筑物原有材料被当作工业垃圾丢弃，再使用其他材料新建，甚至"画蛇添足"地用新材料做旧仿古以达到所谓的还原效果。而直接利用旧工业构筑物进行改造，不仅能够实现新生命周期中工业文化的延续和继承，还能在减少建筑垃圾和城市污染物的同时减轻对城市交通和能源的消耗，节约投资成本，符合可持续发展的要求。

3.2.3 表现形式

1. 工业遗产的再利用

工业遗产的再利用可以避免拆除和重建两项费用。尽量选用当地原材料，尽量少拆少建，适当扩充功能，还可以结合旧工业构筑物的工业文化展示功能适当发展旅游业，力争在适应社会发展的同时获得最大的经济效益。

利用旧工业构筑物绿色重构的方式，可以将工业遗产作为产业载体，带动周边经济效益的提高。旧工业构筑物通过改扩建等多种方式可将其空间容量最大化，并适当改善其功能结构，不仅能提高自身的经济效益，还能通过吸引客流的方式带动区域经济的发展。北京 798 艺术区和 751 艺术区内的入口标志物、景观小品等均由废弃旧工业构筑物改造而成，在对整个场地景观系统起到完善作用的同时，也丰富了场地的文化底蕴，更对区域文化价值进行了保护与传承，提升了区域的品质和价值，如图 3-6、图 3-7 所示。

图 3-6 北京 798 艺术区

图 3-7 北京 751 艺术区

沈阳万科水塔经改造变身为水塔展廊。设计师尽量保留原有结构，在尊重其历史价值的前提下，对空间进行重新塑造，给社区居民提供一个公共的活动空间，注重人的参与，增加游客对工业生活和工业文化的互动，从而使这座旧水塔参与现代城市生活中，赋予其更多的社会意义，如图3-8所示。

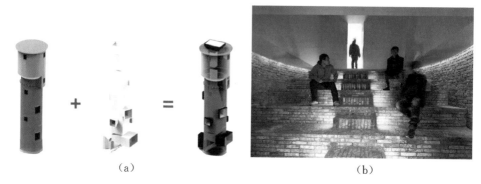

（a） （b）

图 3-8　沈阳万科水塔改造

（a）结构植入；（b）室内空间

2. 重构第三产业促经济

将第三产业与旧工业构筑物绿色重构相衔接是被广泛采用和推广的一种方式。正如经济社会学家格兰诺维特在"经济镶嵌理论"中指出的，经济行为必定要在一定的社会结构中发生，因此对经济活动的理解必须放在社会关系和社会结构脉络中加以理解，第三产业是推动城市更新和经济增长的新动力，而旧工业构筑物恰恰为第三产业的发展提供了极好的场所与空间，其特异的构筑物形态、自由的布局形式、可塑性极强的空间形式都与第三产业的内在特性相吻合，是第三产业发展最为适宜的土壤。旧工业构筑物绿色重构为实现循环发展提供了较好的空间平台，同时经济形态的多样性也改变了过去以单一工业生产为基础的经济模式，多元化商业的植入将原有的内向封闭型的构筑物操作空间、工作空间等转化为众多人群参与的外向型的开放商业空间，这一切都充分体现了旧工业构筑物绿色重构所具备的发展潜力和综合经济价值。

旧工业构筑物绿色重构推动第三产业的发展也体现在增加就业岗位、缓解就业压力方面。例如北京焦化厂工业遗产保护区聘用原厂失业职工做导游，就地安置了部分失业工人，解决了部分原厂失业职工的再就业问题。又如由成规模的旧工业构筑物改造而成的文化创意产业园，由于其建设资本较普通写字楼低，因此租金也较低，有利于鼓励刚毕业大学生以及待业人群自行创业，增加社会税收。

3. 打造品牌带动经济

旧工业构筑物的绿色重构可以打造城市品牌，带动经济发展。如图3-9所示，山西晋华纺织厂中的旧工业构筑物在重构后将作为中国近代民族工业博物馆与外部环境的重要组成部分，成为国人、特别是青少年的爱国主义教育基地、红色旅游基地，国外专家和学者进行中国近代史、中共党史、中国近代民族工业发展史、中国近代纺织工业史、中国工人运动史研究的研究基地，以及创意文化基地和影视文化基地，将为山西晋中带来巨大的经济效益。

（a）   （b）

图 3-9　山西晋华纺织厂

（a）山西晋华纺织厂水塔；（b）山西晋华纺织厂内纺织机器

3.3　社会价值

3.3.1　基本内涵

旧工业构筑物的社会价值在于它见证了一段工业时代的兴盛及衰退，与工业生产、人民生活息息相关。每一座旧工业构筑物都是城市记忆的表达，为研究当时的工业生产和人民生活提供了不可多得的凭证。旧工业构筑物作为一种重要的集体记忆载体，蕴含了一代代产业工人的青春和理想，为工人集体提供了重要的身份认同，同时也是周边社区共同的历史记忆，具有较高的社会价值。对旧工业构筑物历史及社会价值的重塑，能够使社区民众的情感纽带和公共认同感得以延续。

3.3.2　价值构成

1. 旧工业构筑物的历史文化价值

旧工业构筑物是历史的见证者，其如实地反映了工业化时代的特征，代表着工业文化的发展历程；同时，作为历史的遗留物，其还承载了一部分人的文化记忆甚至时代精神。 在旧工业构筑物绿色重构过程中，不能破坏这种历史记忆，而要采取特定的手法将这记忆延续下去，传承真实而完整的历史信息，让人们通过这些旧工业构筑物思考历史的发展和时代的进步，体会旧工业构筑物珍贵的社会价值。

2. 人文遗存所体现的文脉价值

人类历史的发展从农耕文明过渡到工业文明再发展到后工业文明，体现着人与自然关系的微妙转变，人类从早期的依附自然到逐步征服自然，最终实现与自然的和谐共处，后工业时代的到来正是人类文化衍生交替的结果，而旧工业构筑物正是这一社会转型大背景下的历史产物。 旧工业构筑物绿色重构尊重历史文化和地方文脉，关注社区关系和居民情感，注重在城市的发展过程中历史印记保留，保持不同时期的文化形态，充分体现文化的多样性特点。 可以说，对旧工业构筑物的绿色重构是对城市文脉和人类文化的丰富与扩充，有利于不断地推进历史的进程，拓宽从工业文明向后工业文明的演变与发展。 工业文明作为人类发展史上最辉煌的一部分，具有特定的文化属性和不可替代的文脉价值。

3.3.3　表现形式

1. 无法替代的城市印记

美国建筑师柯林·罗威的"拼贴城市"理论对城市旧城的保护与更新提出了有益的指导，他反对以城市发展和现代化建设的名义对城市进行大拆大改，主张城市的发展应该保持不同历史时期的痕迹，新旧体系在城市中和谐共生，用新陈代谢的方式来指导城市的客观发展。 他提倡当旧有建筑完成其使用功能但仍具有使用寿命时，应该对其进行保护、维修，通过综合更新治理使其能够进入一个新的、循环的生命周期里。 这种循环的方式一方面保存了城市发展的印记，体现了城市在不同阶段的存在价值，另一方面也实现了可持续发展的理念。 旧工业构筑物在城市中所形成的工业景观是无法被替代的城市特色，这些具有明显时代印记的煤气储罐、水塔、烟囱和形态各异的厂房都形成了有多重价值和鲜明个性的工业记忆，也成了独具特色的城市地标。 这些地标式的构筑物对于维护城市的历史风貌、彰显城市特色、改变"千城一面"的城市面孔有着特殊的意义。

此外，旧工业构筑物绿色重构还有利于保存人们对场所文化的认同感和归属感。城市高速发展使得城市风貌在短时期内产生巨变，随之改变的还有人们的生活习惯、社会习俗，这一系列变化造成了城市群体记忆的快速丧失，这些已经成为国内城市建设过程中的普遍现象。旧工业构筑物虽然已不适应现代化的功能要求，但它记载了一段历史，原有的环境所蕴含和形成的场所文化能够激起人们的回忆与憧憬。

沈阳铁西区曾是中国主要的重工业基地之一，拥有大大小小的工业遗产，其中随处可见的水塔似乎成了反映这一区域工业历史的独特印记。例如，铁西区一处水塔被完好地保留下来作为原有工业历史的记忆片段，并期望在未来能够成为提供某种公共功能的场所，如图 3-10、图 3-11 所示。构筑物空间能与人产生交流，人们因它们在自身所处场所中的共同经历而产生认同感和归属感。因此，对旧工业构筑物进行绿色重构，使之在改善环境、恢复活力的同时维持原有的文化特色，保护现有社会生活方式的多样性，丰富现代城市的社会生活形态，有助于促进社会和谐、稳定地发展。

图 3-10　沈阳铁西区水塔原貌　　　　图 3-11　沈阳铁西区水塔展廊

2. 重构激发城市的活力

城市中的很多旧工业构筑物占据较好的地理位置，所在区域交通便利，能够与周边居住区和城市公共区域相交错，因此其地段的边界比较模糊。由于产权的变更和经营主体的更替，旧工业构筑物处于产权关系复杂但又无人负责管理的境地，因此曾经地理位置优越的黄金地段变成了城市中的"失落空间"，形成了城市中的"模糊地段"。 通过旧工业构筑物绿色重构，更多城市中的"模糊地段"发展成为城市中的"核心聚集区"。

上海杨树浦发电厂曾是远东第一火力发电厂，于 1913 年由英商投资建成。 这片场地留有丰富的工业构筑物，江岸上的烟囱、鹤嘴吊、输煤栈桥、传送带、清水池、湿灰储灰罐、干灰储灰罐等作业设施有着特殊的空间体量和形式，设计师通过增设两块景观平台，将原先独立的三个灰罐连接成一个统一的整体。 并且采用朦胧界面的处理手法，将原先 15 米通高的封闭灰仓进行改造。 整个空间的使用模式被想象成为一组完全公共的漫游路径，从底部的混凝土框架一直盘绕至灰仓顶部，形成连续的交通空间，使旧工业构筑物形成一个有机串联的整体，重新激发城市活力，如图 3-12、图 3-13 所示。

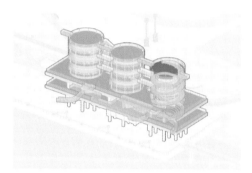

图 3-12 干灰储灰罐重构为灰仓美术馆　　　　**图 3-13 灰仓美术馆漫游路径**

3. 旧工业构筑物的绿色文脉传承

绿色重构是在对周边环境及项目定位进行深入剖析的基础上，引入新的功能，调整内部格局以适应功能要求。 所以在对原有外围护结构的重构上采用基本保留的方式，从而最大限度地保存旧工业构筑物原有的历史文化特色。

旧工业构筑物的绿色文脉传承在于它凝结着特定时期的建筑文化、人文情怀，其特定的形象使生活在城市中特定人群的心理归属感和自豪感得到满足，它延续了城市的记忆，是人们认识历史的重要线索。 全国人大代表、北京市建筑设计院有限公司顾问总建筑师李铭陶说过："近代工业遗产如同一种超越时代的文化载体和现代设计思想的容器，它有利于为子孙后代留下城市文化记忆和学习的范本。"旧工业构筑物的存在对于社会来说，可能只是一种时代记忆，但是对于在那里工作过的员工来讲，那是他们留下人生足迹的地方。 人们对于旧工业构筑物的种种情感汇聚成了其绿色重构时的社会价值，如图 3-14、图 3-15 所示。

图 3-14　珠江啤酒创意园前广场

图 3-15　1958 金威啤酒厂空中连桥

3.4　生态价值

3.4.1　基本内涵

从资源节约的角度上看，随着科技、经济的高速发展，能源消耗与日俱增，预计到 2030 年我国建筑能耗总量在我国能源消费总量中的比例将达到 40%。 旧工业构筑物原有场地已经具备了基本的给排水、电力电信等基础设施条件，因此对旧工业构筑物进行绿色重构，不仅可以省去大量拆除、清理等前期工作，节约了相关费用，还可以缩短建设周期，早日实现预定目标。

以功能适用、经济节能、低碳环保、健康舒适为导向对旧工业构筑物进行决策、实施及运营，成为旧工业构筑物绿色重构项目全寿命周期内最基本的要求。 生态平衡、环境恢复、资源保护作为人类永恒的追求，需要一代又一代人的艰苦努力，而旧工业构筑物绿色重构则利用绿色文化的感召力，对现代社会公众积极参与并推动绿色事业同样也有着巨大的鼓舞作用。

旧工业构筑物绿色重构的理念强调对构筑物的改造与自然环境相融合，彼此相互映衬、相互作用，在保护自然环境的同时间接改善旧工业构筑物的内部与周边环境。 绿色重构设计时要针对旧工业构筑物不同的地域特色进行适宜性环境改造。在改造时尽量减少对原有生态环境的破坏，促进旧工业构筑物对自然环境的积极作用。 通过对旧工业构筑物生态绿化环境的营造来改善旧工业区周边居民的生活条件及居住条件，达到人与自然和谐共生的目的，如图 3-16、图 3-17 所示。

图 3-16　旧工业构筑物与绿藤相结合　　　图 3-17　旧工业构筑物与绿植相结合

3.4.2　价值构成

1. 旧工业构筑物的景观价值

旧工业构筑物由于高耸的构造特点，自然成为一个片区的地标和城市景观交汇点，在视觉上具有独一无二的标识性和景观价值。同时在心理上，旧工业构筑物能营造出一种场所的独特性，当人们身处其中，能够通过对场所的定位和认同，体味到当时工人的生活方式与工业构筑物的存在状况，感受到旧工业构筑物所带来的场所存在意义。这种蕴含了场所氛围的景观价值是一个片区乃至城市地域文化精神的再现。如德国关税同盟（Zollverein）煤矿厂通过强调建筑在整体中的协调性，减少对景观的刻意设计，精简材料及其他元素的使用，尊重现状条件，保留原有工业建筑，并且为游客创造新的场地，使其从一个封闭的工业区转变为向公共提供多重体验的旅游景区，如图 3-18 所示。

（a）　　　　　　　　　　　　　　（b）

图 3-18　德国关税同盟（Zollverein）煤矿厂

（a）煤矿厂外部环境；（b）煤矿厂内部景观

2. 尊重自然的敬畏之心

在重构中必须做到人与自然和谐共生，在改造的过程中要尊重大自然，保护好原来的生态环境，建立和谐的自然生态系统，只有与大自然和谐，绿色重构才是有意义的。因而，重构前要对厂区原有的自然环境要素（气候、地形地貌、土壤、水体、植被等）进行深入调查，如表 3-1 所示。依据恢复生态学等原理，首先恢复被污染的环境，其次促使厂区生态具备自我调和、自我恢复的能力，使人们的健康和生活不受影响，处于自然和安全的状态下。环境重构可促使与生活、生产等相关的生态环境及自然资源处于良好状态或免受不可恢复的破坏。

表 3-1　自然环境要素主要调查内容

自然要素	主要内容
地形地貌	地形地貌是地球表面由内外动力相互作用塑造而成的多种多样的外貌或形态。为保护自然生态环境，工业厂区景观环境在规划设计时应尊重地形地貌，保留原有植被。尤其是工业景观环境，强调道路系统布置水平方向的工艺流程联系，将整个厂区都采用连续式的竖向布置
土壤	土壤质地受到地域分区影响而形成不同种类，包括砂土、壤土、黏土。工业厂区自然环境中的建筑物、构筑物和植物的布置位置、布置方式及工程造价都会受到土壤质地的影响。工厂生产的特殊性也会对土壤造成一定影响，在环境设计时应考虑土壤生态性，将工业对土壤的破坏减小到最低
植被	植被是厂区环境不可或缺的一部分，它是低成本高产出的生物，具有不冒黑烟、不耗能源、生产氧气、吸收二氧化硫和二氧化碳等有害气体的优点，能创造舒适宜人的景观环境。工业厂区中的植物绿化不同于城市其他属性地块的植物绿化，其首要任务是针对污染物的性质，因地制宜地选择抗污染的植物搭配。工业厂区植物绿化设计应与厂区建设紧密结合、共同发展
水体	水体是最为活跃的自然元素，它的生态功能是人类和动植物生存和保持健康不可缺的元素，也是工业厂区景观环境规划设计中最为重要的因素。水体的应用存在亲和力、趣味性和视觉冲击力，它对环境温度和湿度都有所影响。在工业厂区中修建水景要充分考虑当地自然环境，设置动静结合的水景景观
气候	气候是一个地区在一段时期内各种气象要素特征的总和，它包括极端气候和一般气候。在工业厂区景观环境中，可以利用地形、水面和植被形成微气候，局部改变厂区气候。在了解气候的前提下进行厂区外环境景观设计，不仅有利于厂区员工的健康和人身安全，而且有利于资源保护和提高工业企业的经济效益

3.4.3 表现形式

1. 绿色重构的景观重塑

绿色重构的景观重塑一般要结合旧工业构筑物的周边环境进行系统性、综合性的统一改造。旧工业构筑物作为一种较常见而又特殊的独立建筑物，具有造型高耸、占地狭小的特点，这使得其具有特殊的生存空间及景观优势，经过适当的改造设计，仍可在景观意义上得到保留，在延续片区历史内涵的基础上，催生出新的场所精神。

在景观重塑途径的指导下，结合旧工业构筑物自身形象上的特殊优势，首先可以将其改造成工业文明的"纪念塔"或城市的"观景塔"，使其发挥强烈的纪念性与标识性价值；其次可以结合周围生态环境，将其作为城市公共空间或生态公园的重要景观点。这些模式都强调了环境保护、生态恢复和城市更新的概念，借助旧工业构筑物绿色重构，对周边的自然环境进行适当的修复，提升其生态性能，以延续旧工业构筑物的可持续性利用。

例如意大利米兰的旧水塔改造成的彩虹塔（Torre Arcobaleno）。在原塔身上覆盖了10万块五彩的瓷砖，用色彩主题将艺术和建筑世界连接在一起，成为米兰色彩和创造力的特色象征，并逐步成为一个主要地标建筑，如图3-19所示。

（a）　　　　　　　　　　　　　　　　（b）

图 3-19　意大利彩虹塔

（a）水塔近景；（b）水塔远景

2. 绿色重构的建筑设计

旧工业构筑物绿色重构既包含了针对旧工业构筑物的绿色设计，也包含了为设计服务的各类绿色节能技术。绿色重构的建筑设计，其本质上是指在满足自然生态系统客观规律的前提下，做到建筑与生态和谐共生，基于客观生态系统现有条件，对项目进行一种可持续、可再生、可循环的全生命周期建筑设计，这种设计对生态系统扰动最小。

绿色重构的建筑设计不再将某一幢构筑物作为独立规划对象，而是放眼于一定区域范围之内，基于项目总体规划的角度，参照场地的基本条件、地形地貌、水文地质、气候条件、动植物生长状况等多方面因素，进行具有一定可行性和经济性的设计。绿色重构的建筑设计表现出的安全、健康、宜居的功能是旧工业构筑物绿色重构生态价值的体现之一。

　　例如荷兰新莱克兰水塔改造项目，就是生态恢复与景观融合较为成功的改造案例，如图3-20所示。建于1915年的水塔坐落于新莱克兰村外的一座堤坝上，塔上的景观视野极佳，改造后的水塔变身为一个舒适的居所。两个居住单元各自有其独特的户型设计，朝向由其独特的景观决定，且构造和布局都与景观契合。设计师为了彰显水塔建筑的特殊性，将立面上的菱形窗户保留，而新规划的开窗则围绕着菱形小窗排布，开口的位置则根据住宅平面功能确定。

（a）　　　　　　　　　　　　　　　　（b）

（c）　　　　　　　　　　　　　　　　（d）

图 3-20　荷兰新莱克兰水塔改造

（a）水塔远景；（b）水塔近景；（c）设计细部；（d）室内景色

3. 绿色能源的高效利用

旧工业构筑物在绿色重构时，首先应参照构筑物的特点和功能，对设备系统进行高能效的设计；其次在使用构筑物时，应对室内舒适度、室内空气质量和能耗情况等进行能源管理、监督与调控，做到绿色能源的高效利用。绿色重构中的绿色能源主要涉及太阳能、风能、地源热泵等。

1）太阳能

目前，太阳能利用技术主要是指通过太阳能获得热能、电能、光能，进而为构筑物的热水供应、采暖、空调以及照明提供能源支持。旧工业构筑物绿色重构项目多采用太阳能热水系统、太阳能光伏发电系统、太阳能自然采光系统。

太阳能热水系统是通过一个面向太阳的太阳能收集器直接对水加热，或加热不停流动的"工作液体"进而再加热水。太阳能光伏发电系统是一种利用太阳电池半导体材料的光伏效应，将太阳光辐射能直接转换为电能的新型发电系统，有独立运行和并网运行两种方式。

2）风能

风能利用技术是利用风力机将风能转化为电能、热能、机械能等各种形式的能量，用于发电、提水、制冷、制热、通风等。旧工业构筑物绿色重构常用的风能利用技术有风力发电技术与自然通风技术。

风力发电技术是利用垂直抽风机的风力带动风车叶片旋转，再通过增速机提升旋转的速度，从而促使发电机发电。因此，风力发电技术适用于风力能源充足地区的旧工业构筑物绿色重构。要保证旧工业构筑物与风力发电机组的有机结合，重点应考虑风机供电是否能够满足构筑物的电力需求。

旧工业构筑物的体量巨大，这一特性对其室内的自然通风和采光极为不利，同时也需要加强自然通风来排除构筑物内部的湿气。自然通风技术就是利用自然的手段（风压、热压）来促使空气流动，引导室外的空气进入室内来通风换气，用以维持室内空气的舒适性。在旧工业构筑物绿色重构中，风压通风和热压通风常常是互相补充、相辅相成的。在进深较大的部位采用热压通风，在进深较小的部位采用风压通风，从而达到良好的通风效果。

3）地源热泵

地源热泵技术是一种利用浅层地热资源的既可供热又可制冷的高效节能空调技术，通过输入少量的高品位能源，即可实现能量从低温热源向高温热源的转移。在冬季，把土壤中的热量"取"出来，提高温度后供给室内用于采暖；在夏季，把室内的热量"取"出来释放到土壤中去，并且常年能保证地下温度的均衡。 其中，地下水热泵系统要求构筑物地下水源稳定；河湖水源热泵系统则要求构筑物邻近江河、湖泊；土壤热泵系统虽无特定的地理位置要求，但造价较高。

3.5　美学价值

3.5.1　基本内涵

旧工业构筑物能体现一定时期的文化变迁和精神特质。 无论构筑物或是景观，无论工具或是机器，都体现着当时的审美和工艺，给人们在有限的社会空间里带来无限美的享受，具有极高的艺术水平和审美价值。 此外，旧工业构筑物中保留的施工技术和过程等，均可以提供较高的美学价值。

3.5.2　价值构成

1. 建筑自身所体现的美学价值

在城市发展的过程中伴随着大量新建筑的建造，原本为满足生产需要的旧工业构筑物由于年代久远而变得破旧，按照传统的美学观点可能会被大众认为是丑陋的、粗糙的、落后的象征，在城市快速开发建设时期，容易被当作城市落后的形象而被无情地拆除。 但是随着旧工业构筑物被不断地广泛重构利用，其自身具有的建筑美学价值得到了体现。 旧工业构筑物不仅是工业文明的承载者，更是工业文明的见证者，体现了特定历史时期的风格特点。 构筑物本身的结构、空间、材料、色彩都极具艺术表现力，通过不同形式体现了机械美学、现代主义风格、后现代主义风格的建筑美学特点，这也成为旧工业构筑物在绿色重构时美学价值的体现之一，如图 3-21 所示。

2. 公共空间所打造的美学价值

结合旧工业构筑物的空间特点，制定出合适的保护与再生方案，可以使进入其中的人们对旧工业构筑物的空间特征有更为直接而清晰的感受。 空间以开放的参与性特征激发使用者的体验感受。 旧工业构筑物本身具有空间特征，是旧工业构筑物绿色重构表达的重要场所。 在构筑物空间形式的变化组织上，公共空间往往由于不

图 3-21　旧工业构筑物之美

（a）烟囱；（b）高炉；（c）水塔；（d）筒仓

固定的功能性，无论在布局还是面积上都存有较大的灵活性，因而可以塑造不同类型的空间形式，打造不同的美以创造特殊的主题场景，与旧工业构筑物风格相融合、相协调。重构后的构筑物活力被激发，增加人们的空间体验，也就变得更具有吸引力，能使人们对旧工业构筑物本身有更为清晰的认识。空间本身体现的共享之美，也是美学价值的重要组成部分。

如在上海民生码头 8 万吨筒仓改造项目中，室内一层展厅部分保留了原来的圆锥形钢漏斗，加上长而密集的方柱，形成的展览空间本身就是一件充满工业气息的艺术品。室内运输坡道的保留，也使室内参观者在行进中获得了很好的空间体验，如图 3-22 所示。

| （a） | （b） |

图 3-22　上海民生码头 8 万吨筒仓室内空间

（a）室内结构；（b）运输坡道

3.5.3　表现形式

1. 产业风貌所形成的景观美

旧工业构筑物在整体规划、建筑设计和公共设施等方面都是以生产流程和群体集合的形式展现的，这就形成了许多体量较大、形式丰富、造型各异的旧工业构筑物群，在城市区域中形成了特定的产业风貌，起到丰富城市景观的作用，成为城市特色识别性的标志，给生活在该区域的人们带来了认同感与归属感。

在城市快速发展的进程中，对旧工业构筑物进行绿色重构正是赋予其新生命的开始，激发旧工业构筑物潜在的活力与生机，使其以循环的态势延续生命周期，并通过绿色重构对周边区域产生一种连带作用，实现区域经济和文化的发展。这是对城市发展有形的历史片段的保护，也是对城市精神的一种重塑，如图 3-23 所示。

图 3-23　筒仓群改造——南京江苏园博园先锋书店

2. 旧工业构筑物所表现的形式美

"废墟有一种形式美，把剥离大地的美转化为皈附大地的美"，旧工业构筑物正契合了这种形式美，挺拔高大的形态挣脱环境的束缚，创造出打破极限的力量。粗犷的外形、斑驳的立面，都是面对旧工业构筑物的真实体验。而旧工业构筑物中所存在的"废墟美学"的艺术感染力是艺术家最直观的感受，也是其进行艺术创作重要的推动力。如泰晤士河畔的巴特西发电站，作为英国曾经最大的发电站，其耸立的4根巨大的烟囱俨然成了伦敦的地标，然而随着1982年工业使命的完成，巴特西发电站仍逃脱不了荒废的命运。曾经先进的结构、精致的细部、巨大的体量在周边杂草的映衬下更显神秘而伟大，吸引了大量艺术家以其为背景进行创作，体现了旧工业构筑物独特的美学价值。

发电站的4个烟囱已经年久失修，设计者使用原有技术从零建造，最终将其重新安放到发电站顶端。其中1个烟囱提供玻璃观光电梯体验，让游客可以到达发电站顶端，在109米的高空俯瞰伦敦360°的全景。发电站内部的一些区域也已保留和修复，发电站的历史和灿烂遗产将再次向世人展现当初的风采，如图3-24所示。

（a）   （b）

图 3-24　巴特西发电站

（a）巴特西发电站外观；（b）巴特西发电站内部

3. 工业特色所打造的技术美

旧工业构筑物的技术之美主要反映在构筑物空间的结构美与工业生产的秩序美。结构美需要依靠结构形式与结构材料的共同配合，通过理性组合表现逻辑美，如图3-25所示，绿色重构中需要通过空间重塑与技术手段去延续结构特色。

工业生产的秩序美则依托生产设备及生产工艺来展现，保留生产过程所必需的生产设备及生产工艺，维护工业生产特征是旧工业构筑物重构的核心内容。如南宁园博园采石场花园6号采石场场地上有制砂生产线的全套设备，它被作为展现场地

图 3-25　混凝土结构筒仓

采石工业历史的工业景观而被完整地保留下来，同时结合绿化植被将制砂生产线塑造成具有后工业气氛的浪漫绚丽的花园，如图 3-26 所示。

（a）

（b）

图 3-26　南宁园博园采石场花园

（a）6 号采石场环境；（b）6 号采石场制砂生产线

旧工业构筑物绿色重构模式类型

4.1　办　公　模　式

4.1.1　基本内涵

办公模式下的旧工业构筑物最早的代表实践案例是以共享为目的，对空间进行整体的规划、整合，形成多元的运营模式。以下从其演变、需求、可用性等方面进行阐述。

1. 演变分析

1）从单一类型到多元开放的转变

最初办公模式下的旧工业构筑物改造是结合建筑进行的，其目的是打造一些具有特色吸引力的创业办公空间场所。其中旧工业构筑物的绿色重构类型比较单一，多以静态保留作为景观元素使用，如图4-1所示。随着创意办公形式以及种类的丰富，办公人群对空间场所的风格以及特征需求不断增强，旧工业构筑物因为其自身独特的空间结构以及外观优势，慢慢进入设计者的考虑范畴，空间利用逐渐从单一类型变成多元开放的多功能场所，从静态的景观保留逐渐发展到内部空间的结构性融入，甚至整体化的空间改造，如图4-2所示。

图 4-1　钢结构筒仓　　　　　　　图 4-2　筒状料仓整体化的绿色重构

2）从功能简单到复合多元的升级

随着办公类型的不断丰富，创业者对办公空间使用需求的不断提升，办公模式下的旧工业构筑物发展趋势也不断增强。科技的发展、领域的拓宽、功能形式的多元化都给绿色重构带来新的创造。 办公空间不仅是开放共享的精神体现，更多的是办公人员和空间、功能、环境的交流互动。 在此背景下，绿色重构后的旧工业构筑物空间随着不同办公形式下使用需求的灵活多变，产生复合化、多元化的功能倾向。 并且越来越多的旧工业构筑物类型被纳入绿色重构的范围中，设计者从筒状料仓、油气储罐等大尺度旧工业构筑物慢慢关注到冷却塔、网格料仓等不同空间特征的旧工业构筑物类型。 在整体的绿色重构时注重多种构筑物交叉布局，空间会更加具有复合多元的特性。

3）从形态粗犷到结构细腻的更新

由于早期用于工业生产，旧工业构筑物周边环境通常比较简陋，内部处处透露着简单、粗犷甚至破败的空间形态，随着创业者对空间使用需求和精神需求的提高，以往过于随意处理的空间已经不能满足发展需求。 无论是在功能性上还是在空间布局上都要求更加细致的设计组织。 面对形态粗犷的旧工业构筑物，空间的组织形式、序列关系、颜色对比、材料运用、形态构成等方面都需要借助更为细腻、更具考量的美感设计，从而形成更具特色的对比效果。

4）从表皮单调到形式多样的转变

表皮不仅能够表达空间形象，还能为创业者提供一个舒适的环境，其传递给人的信息也更为直接深刻。 提供有"厚度"的立面，能够很好地缓和旧工业构筑物绿色重构后与周边环境的对立关系。 如今，旧工业构筑物绿色重构后的形态为了更好地满足功能需要和审美需要，表皮会从形式、选材、色彩、肌理变化等多方面进行塑造。 例如，旧工业构筑物表皮通常为特色的钢铁以及简洁的混凝土，具有浓厚的工业特征，而且构筑物构件表面的暗红色铁锈在视觉心理上能够增加空间层次，使绿色重构后的形象更加具有辨识度。

2. 需求归纳

1）**办公模式下产生的新需求变化**

很多旧工业构筑物在改造过程中只是简单利用其外观样式以及内部的空间环境，注重满足基本的实用功能需求，没有深入挖掘构筑物中所蕴含的文化以及功能内涵，同时在具体的细节设计方面也忽视了特定创业人群的个性特征和精神需求。据调查，办公模式下旧工业构筑物绿色重构后的主体需求人群定位为在信息快速发展时代中成长起来的90后办公人员。 该类人群敢于创新、勇于突破、追求个性，并具有敏锐的观察能力和思考能力。 因此，重构设计要深入挖掘旧工业构筑物中所蕴含的精神价值，并为具有创新力的办公人员提供一个轻松、舒适、高效而又有特点的空间环境。

2）空间适用主导下产生的空间功能变化

与传统办公方式相比，当今办公方式更加多样，对于空间的使用也相对自由、开放，因此在办公模式下的旧工业构筑物绿色重构应考虑到不同使用人群和不同工作模式。能够进行重构的旧工业构筑物对象选择范围也有所拓展。从空间规模来看，绿色重构从利用空间规模较大的筒状料仓、冷却塔等对象慢慢延伸到水塔、船坞等空间规模较小的对象；从空间形态角度来看，绿色重构逐渐从横向线状以及面状等容易进行空间划分的构筑物类型慢慢延伸到通廊、栈桥等空间较为碎片化的构筑物类型。将旧工业构筑物重构成办公空间应当顺应创新时代发展的大趋势，打破传统单一封闭形式的局限性，使得空间功能更加多样化，更具吸引力、互动性、灵活性及体验感，也能够为办公人员提供更多的共享机会。

3）形式与功能要求下的空间形态变化

旧工业构筑物重构而成的办公空间更具社交、集聚、创新和创业孵化等特点，所以需要相应的多功能类型的服务空间和互动空间来满足使用者的多元化需求。这种多元化空间一方面体现在空间多功能的相互融合，即融交流、办公、休闲、娱乐等多种功能于一体；另一方面体现在空间的灵活性与人性化需求上。旧工业构筑物原有生产工艺较为复杂，通常具有多构件相组合的空间形式，应对办公模式下的多元化需求具有一定优势。在绿色重构时通过利用原构件的灵活开合以及蓄水池、铁轨等线形构筑物作为隔断，也可以快速组合从而形成更好的协作与连接的工作场所。同时也可以利用旧工业构筑物成组设置的特征进行多样空间组合，带来具有高度灵活性和机动性的新型办公场所。

3. 可用性归纳

1）结构重构的可适性

旧工业构筑物一般都具有坚固耐用的主体结构、较大的空间跨度、规整简洁的构件组织及明确清晰的受力节点，这些特点都为办公模式下的绿色重构提供了很好的基础性条件，为功能与形式方面的重构提供了极大的可能性。在新兴产业和国家"双创"政策的助推下，可以通过功能置换对旧工业构筑物内部进行重新组织来满足办公空间的使用需求，实现旧工业构筑物价值的相互融合，从而推动城市的全面发展。

2）生态循环的可适性

在全球低碳环保的大趋势下，办公空间作为能源消耗最多的厂所之一，更应该顺应生态理念，在改造时通过既有结构材料、设施设备等回收再利用过程达到节约降耗的目的，体现生态循环和可持续的理念。

3) 经济利用价值的可适性

首先, 旧工业构筑物自身具有极大的经济价值, 整体空间绿色重构的可塑性强; 其次, 旧工业构筑物所在区域大多地段优越, 商业价值高, 占地面积较大, 周边场地空间开阔, 开发潜力强; 最后, 就城市发展的经济价值而言, 随着政府"双创"政策的出台, 我国办公空间需求正处于快速发展阶段, 需求数量与规模迅速增长。 在此基础上, 办公模式下的旧工业构筑物绿色重构可以进一步促进城市产业结构优化升级, 实现城市更新发展中双赢的社会效益。

4) 社会文化与美学价值的可适性

旧工业构筑物承载着当地的历史, 折射出城市文明和工业技术发展的历史轨迹, 呈现出当地丰富的社会生活形态, 记录着一代代劳动人民辛苦奋斗的历史记忆。 办公模式下的旧工业构筑物绿色重构可以唤起人们的回忆与憧憬, 使人们在办公空间进行交流的同时对工业文化产生认同感和归属感, 集中体现社会文化价值。北京首钢园前身为中国最早的大规模近代钢铁企业之一, 记录着许多北京人在工业时代的美好记忆。 经过 2016 年的旧工业构筑物绿色重构, 如图 4-3 所示, 原来储存炼铁原料的筒仓变成冬奥办公区, 三高炉也成为办公展览复合空间。 旧工业构筑物经过绿色重构与再利用被打造为特色办公区, 更是唤起了劳动人民心中的历史记忆, 具有极高的社会文化价值。

(a)   (b)

图 4-3 北京首钢园旧工业构筑物绿色重构

(a) 绿色重构后的首钢园三高炉外观; (b) 首钢园内筒仓办公空间

4.1.2 模式特征

1. 外观形态

旧工业构筑物具有丰富的外观形态, 结合实际改造中空间和材料运用上的变化，可以使得建筑语义的表达充满各种可能性，以此打造出具有特色的办公空间，提升空间品质与内涵。不同高度、体量和风格的旧工业构筑物绿色重构打破了外观上的均衡对称，显示出独特的视觉冲击力和张力。

巴黎筒仓 13 号（Silos 13）办公建筑紧邻环城公路，两个高耸的水泥柱为水泥制造的"仓库"，通过一座较细的垂直电梯与下面的办公实验室连接。混凝土是其主要材料，如同城市雕塑一般将传统工业建筑融入城市景观中，如图 4-4 所示。

（a） （b）

图 4-4　巴黎筒仓 13 号办公建筑

（a）远景；（b）近景

2. 内部空间

传统的办公空间室内分隔多为内廊式、外廊式的功能布局。考虑到旧工业构筑物的平面特点，可利用空间分隔、空间合并和空间嵌套等方式，使得空间布局更加灵活开放，为多种活动功能提供可能性，并达到增加室内自然采光和自然通风的目的。在空间使用上，需要实现从工业尺度向人性化尺度的过渡。可利用水平方向和垂直方向的空间分隔，满足功能的使用需求和尺度的宜人化需求。

原广州啤酒厂内有个 38 米高的麦仓，是园区制高点。12 个混凝土圆筒仓顶上各有一个 58 米×7.5 米的运输空间，为 12 个圆筒状水泥料斗灌输麦粒，空间内部两排高窗，简单粗犷。现被改造为设计工作室，设计师将工作台设置在靠江景一侧的外墙边，内部空间通过新开凿的落地窗与筒仓顶靠外的半圆空间进行联系。入口空间强化了垂直运输塔的竖向空间逻辑，并利用折叠转轴门使空间可分可合。大厅内保留了最初的红砖墙体、混凝土框架和地面孔洞，新加入的钢材、木材、玻璃与保留的构件自然地组织在一起，对工业时代的印记进行传承，如图 4-5 所示。

3. 外部环境

旧工业构筑物的场地及道路多是服务于工业运输、储存及生产的，功能性较

（a）   （b）

图 4-5 原广州啤酒厂改造的设计工作室

（a）外景；（b）内景

强，通常尺度较大，缺少对人活动的考虑。 为了适应办公模式下的旧工业构筑物绿色重构需求，对原有场地的交通要进行改造，包括道路分级改造、增设停车位等。

旧工业构筑物本身的朝向、形式及位置无法改变，但构筑物周边各种温度、湿度、风速等微气候环境因素对人体的舒适度及户外活动都有一定的影响，可利用地面材料替换、植物绿化种植及水体景观加设等方式重塑办公外环境。 比如对过滤池、铁轨、小型桥梁等景观元素的再利用，既避免了资源的浪费，又保证了旧工业构筑物文脉的延续，为办公外环境增添文化韵味。

4.2 商业模式

4.2.1 基本内涵

1. 演变分析

1）由城市外围迁移至商业文化区

不同功能类型的旧工业构筑物对土地区位有不同的要求，城市中商业功能的土地单位面积平均收入最高，因此随着城市规模扩大和经济发展，商业模式下工业构筑物的区位更加靠近商业文化区。 旧工业构筑物的绿色重构可以带动周边区域的文化艺术发展，提升地区经济价值。

2）由生产属性转向商业属性

商业属性主要指旧工业构筑物绿色重构对城市、区域和周边居民所作出的贡献与产生的影响，其也是促进城市繁荣、体现城市活力的重要因素。旧工业构筑物的商业属性主要包括对城市经济发展的贡献、对区域格局的影响等。当旧工业构筑物失去生产功能后，其商业属性的变化可能会造成诸如城市经济发展速度断崖式下降、区域就业岗位缺口和居民生活片段遗失等相关经济和社会问题。通过对旧工业构筑物进行商业化更新，能够快速有效地将其拉回到经济运转体系中，衔接社会关系并产生较高社会价值，弥补经济缺口。

3）由工业价值转向经济价值

城市内的旧工业构筑物在失去生产功能后，也将迅速失去昔日的活力，成为喧嚣城市中无人问津的"孤岛"。当下国内大多数城市正在盛行将旧工业构筑物转变为商业空间的风潮，这样的利用模式不仅体现出旧工业构筑物可持续发展的建筑观，还能通过其商业功能实现经济价值。文化资本也具有经济价值的一面，旧工业构筑物作为工业历史文化的载体，提供了一个饱含历史片段的空间氛围，能够唤起人们的历史怀旧感和民族认同感。当旧工业构筑物更新为商业空间时，情感共鸣能够拉近场所与顾客的距离，提升顾客体验的舒适感。

2. 需求归纳

商业建筑本身是具有经济性的，这与很多旧工业构筑物绿色重构的经济需求是不谋而合的。我国现存的大部分旧工业构筑物都始建于 20 世纪，随着城市的发展，很多在当时比较偏僻的旧工业构筑物现在已经占据城市中较为重要的位置，其地理位置交通方便，商用价值很大。而且独特的构筑物形态可以打造独特的商业空间和设施，其与生俱来的工业文化和历史沉淀将为商业空间提供文化基础，能够更好地提升再利用后商业空间的经济价值和文化价值。旧工业构筑物可绿色重构为综合商场、书店、专卖店、超市、餐饮店、酒吧等商业设施，能够快速有效地衔接社会关系并产生较高的社会价值，弥补经济缺口，将自身延续的社会影响力转化为全新的商业号召力。

3. 可用性归纳

商业建筑本身是具有经济性的，这与很多旧工业构筑物再利用的经济需求是不谋而合的。我国现存的大部分旧工业构筑物都始建于 20 世纪，随着城市的发展，很多旧工业构筑物当时所处的偏僻之处现在已经成为城市中较为重要的位置，其交通方便，商用价值很大。而且独特的构筑物形态可以打造独特的商业空间和设施，旧工业构筑物与生俱来的工业文化和历史因素将成为商业空间的文化基础，能够更好地提升再利用后商业空间的经济价值和文化价值。筒仓类工业遗存再利用为商业设施包含综合商场、书店、专卖店、超市、餐饮店、酒吧等，通过对旧工业构筑物进行商业化更新，能够快速有效地将其与社会关系衔接并产生较高的社会价值，弥补经济缺口，将旧工业构筑物自身延续的社会影响力转化为全新的商业号召力。

4.2.2　模式特征

1. 功能形态

在商业模式下的旧工业构筑物改造多选择单层大空间构筑物，如筒仓、冷却塔、气体储存罐等。其容积率往往较低，土地开发强度弱，经济效益不高，却符合商业构筑物的设计特征，并且其空间一般具有尺度规模较大、形态规整、结构安全系数高、材料耐久性好等优势。旧工业构筑物在功能置换时选择对空间体验要求较高的商业类型，是对其空间优势的最大化利用。此外由于生产要求，旧工业构筑物一般具有良好的通风性能，以及相对完善且体系化的给排水、电力、消防等基础设施，在进行商业化更新时易于根据功能要求进行相应的绿色重构。当然，在重构时也要多加关注空间是否符合商业人流动线、商铺开放度以及功能串联程度。

太丰面粉厂的筒仓被重新植入新的功能，在底层空间内布置新华书店销售部，在原有筒仓的基础上加高 1 米使之能够容纳更多的图书和资料，并且在原来的筒仓顶上增加带室外阳台的三层餐厅，为公众提供欣赏三江口风光的景观空间，如图 4-6 所示。

图 4-6　太丰面粉厂改造的宁波书城

2. 立面改造

在商业模式下，立面改造作为吸引客源的重要渠道之一常常受到重点关注。旧工业构筑物外立面的绿色重构属于改造中难度较高的环节之一，既要对原本的工业元素进行强化和处理，涉及承重与非承重的结构体系、工业设施、细部结构等，也要考虑到商业氛围的营造。

旧工业构筑物的外立面在重构过程中涉及的工业元素主要有两种类型：一类是大型的构筑物结构，包含钢铁构架、玻璃透气窗、楼梯、柱子及结构体系；另一类是小型的构筑物独立单体，比如外露的烟囱、井架和各种轨道、管道等构筑物。前者是外立面重构的重点内容，需要结合不同的结构特征、建造背景等，通过保留、拆除、修复等方式对结构内的元素进行个体化重构，同时植入新的建筑材料和手法，形成新旧对比。朱家角老粮仓改建的咖啡馆（图4-7），其空间的规划与设计都围绕着原来的6个储粮筒的基础造型展开，并融入了现代工业化的设计元素。从前下粮的设施也被保留下来，成为复古典雅的"漏斗"。

（a）　　　　　　　　　　（b）　　　　　　　　　（c）

图4-7　朱家角老粮仓改建的咖啡馆

（a）远景；（b）近景；（c）内景

如图4-8所示的储水罐改造的奥运特色展厅咖啡吧，其不仅仅是一个普通的咖啡店，更是一个汇集了历史、文化等多种元素的场所。通过设计将旧工业构筑物原有的特色和历史元素进行保留和再利用，同时与现代设计相结合，使得顾客在其中能感受到与工业文化的情感共鸣。

3. 室外空间

在开敞空间中良好地利用旧工业构筑物作为景观布置，可以有效地改善商业环境的氛围，增强商业活动的互动性和社交性。例如北京五道口地区的铁轨结合周边的生态植被绿色重构成为景观休闲片区，为周边的商业增添了不少文化气息。紧凑的商业空间中通常人流较为密集，而开敞空间中如果对蓄水池、过滤池等小型旧工业构筑物进行绿色重构，可以为人们集散的场所添加更多文化底蕴，为商业活动的开展提供更多的可能性。此外，由于商业模式具有较大的人流流动性，需要重点考

图 4-8　储水罐绿色重构为奥运特色展厅咖啡吧

虑道路对人行的友好度，将之前的大尺度道路进行层级分割，满足不同流线的需求，并考虑外部停车位增设的问题。

4.3　居住模式

4.3.1　基本内涵

1. 演变分析

早在 20 世纪 50 年代，纽约苏荷区的艺术家们将自己的居所搬到城市的工业废弃区域，创造了尔后被人们称之为"LOFT 住宅"的生活空间，人们就开始了工业遗产与居住功能相结合的相关探索，这类结合类型源于对工业遗产的艺术魅力、经济价值及空间兼容性的考虑，后来逐渐由工业建筑拓展到工业构筑物。旧工业构筑物的突出特点是几何化的外形、大空间等，这些均为其与居住功能相结合提供了良好的基础。从空间上来看，旧工业构筑物分为空间大跨型、空间常规型和空间特异性三类，其中具有跨度大、空间高敞等特征的构筑物都具备二次空间分割的可能。由于其内部结构支撑较为简洁，也适合根据需要在平面上增加墙体、隔断，灵活布置住宅功能空间。

2. 需求归纳

工业用地在城市中的布局类型主要有三种，包括布置在远离城区的工业、城市边缘的工业、布置在城市内和居住区内的工业。然而在实际的城市发展中，工业用地的布局并非如此绝对。随着现代化城市的内部更新以及大规模的城市中心扩张，很多原本处于城市边缘的旧工业构筑物如今也逐渐被包围到都市内部，甚至占据了城市中的一些优势地带，工业社区纽带趋于瓦解。在原有"生产—居住"模式形成的区域格局的基础上，城市扩张进程中的土地开发带来了更多的居住功能空间和居住人口，单位社区本身的人口构成也逐渐由同质性走向异质性。周边环境的置换和单位生产模式的消解使得旧工业构筑物突破了原有的单一工业功能范畴，转而面向更为广义和多元的社区环境，与各种新旧社区交杂在一起，但很多旧工业构筑物由于生产功能的废弃，成为社区的"伤疤"与"孤岛"，或成为脏乱差的消极场所。

虽然一些工业用地由于最初作为纯粹的生产功能区（通常是重工业）而与居住社区离得较远，没有直接的先天联系，但部分工业用地拥有良好的区位优势，加上没有居住等其他性质土地更新中面临的较为复杂的产权问题和土地成本问题，所以在城市用地紧张的背景下更容易得到地产开发商的青睐，从而使得旧工业用地上拔地而起了无数的现代居住区。旧工业构筑物在这种土地置换模式中往往遭到推平式的毁灭，但也有一些因为各种原因得以幸存，比如一些原本孤立的旧工业构筑物被改造为新建的大规模居住社区的配套服务设施，包括售楼处、社区运动休闲会所、社区商店与景观休闲区等。

3. 可用性归纳

1）旧工业构筑物与住宅结合

旧工业构筑物是现代城市发展中的一种资源，其具有历史文化价值和美学艺术价值，但在城市更新时常常被遗弃或摧毁。而通过将旧工业构筑物与居住功能相结合，不仅可以充分利用这些资源，还能够给城市更新带来新的可能性。对于旧工业构筑物的重构，需要注重设计和施工的可行性及合理性，同时也需要在保留历史文化价值的基础上满足居住需求，使其成为具有居住功能的场所。在这样的设计中，可以融合现代居住需求和历史文化特色，通过合理的设计手法和技术手段，让旧工业构筑物的遗存得以焕发新的生命力，同时也满足人们对于居住环境的需求和期待。

2）旧工业构筑物与公共配套建筑结合

旧工业构筑物与公共配套建筑结合主要是对具有一定空间规模尺度的旧工业构筑物进行保留，并结合其他空间绿色重构为居住小区的公共配套建筑，包括教育、医疗、文体、商业服务、金融邮电、市政公用、行政管理等。另外还有些开发商利用构筑物所蕴含的深厚文化底蕴，将其改为博物馆、美术馆、艺术中心、画廊等城市公共配套设施，以增加居住小区的艺术品位。这些功能由于也是为居住小区内的公众服务的，故也属于这一类型。

　　3）旧工业构筑物与居住小区景观结合

　　旧工业构筑物与居住小区景观结合通常指将小型的旧工业构筑物改为居住小区景观构筑物及其他景观设施，为人们提供景观休闲空间。最常见的小型旧工业构筑物为在工艺流程中所涉及的附属设施以及构件，包括楼梯、操作设施、工业平台以及室内吊车梁的绿色重构。除了对旧工业构筑物进行景观改造利用，也可以通过对原有景观构筑物、植被、水体、工业设施遗存等加以保留利用，作为居住小区景观构架、园林绿化等景观要素的类型，是绿色生态化的体现，如图4-9所示。

（a）　　　　　　　　　　　　　　　　（b）

图4-9　附属设施构件与居住小区景观结合

（a）操作设施作为景观小品；（b）工业平台设施作为景观小品

4.3.2　模式特征

1. 外观形态

　　对于具有较高价值且结构安全的旧工业构筑物，在绿色重构的过程中应以保持构筑物原有风貌为原则，对于重构及修复部分不要求精准复原，但也不能出现突兀的对比变化，在形式、材料上与原建筑风格相呼应，以此达到和谐统一，绿色重构的重心在于对旧工业构筑物内部功能和空间的调整上。

　　在构筑物的某些结构损坏严重或者结构荷载不足以支撑新功能的情况下，可保留原有构筑物精美的外部形式作为新建构筑物的"面孔"，而对其内部实行拆除重建，或者新建的形态延续原有构筑物的工业特质，利用现代语汇进行新的阐释。一座中世纪的圆柱形粮仓是芬兰奥卢Toppilansalmi地区的地标性建筑，其被改造成现代住宅，大多数旧有结构因状况不佳而被拆除，只保留了一部分结构作为公寓的阳台。按照城市规划的规定，设计师尽可能多地恢复了最初的外部筒仓美学，如图 4-10 所示。

（a）　　　　　　　　　　　　　　　　　　（b）

图 4-10　芬兰奥卢圆柱形粮仓绿色重构

（a）外观；（b）内景

对于一些外观形式非常单调的旧工业构筑物，也可以采用叠加更新的方式，即通过对构筑物立面进行新的表皮叠加，从而丰富外立面的视觉层次。常用的方式有肌理化叠加和透明化叠加。在居住模式下，使用叠加的方式对旧工业构筑物进行绿色重构和利用，不仅可以实现对外观的更新，还可以通过对墙体添加保温材料、太阳能板等绿色能源设施，提高能源利用效率和环境适应能力。

2. 内部空间

从旧工业构筑物转变到住宅建筑或公共配套设施一般需要先进行功能的置换，由于使用性质发生了改变，构筑物需要克服自身的局限，对其内部空间进行绿色重构，以创造适合新功能的空间场所。居住空间要求更为私密、尺度更为宜人。无论是住宅、酒店、公寓或者学生宿舍，都是以一个小的空间单元为母体的集合。考虑居住空间的私密性特点和单元组合形式，冷却塔、筒仓、水塔等与之更为匹配。

丹麦哥本哈根 Jægersborg 水塔的绿色重构将一水塔改造为混合用途建筑。其中位于上层的学生宿舍单元标示出了现有结构的外周，每一单元都通过突出的水晶状物体将日光引向室内，并提供周边景观一览无余的视野。 晶体与交流阳台都是适合人体尺度的，并且形成一层雕塑性元素，强调了水塔的地标特性，如图 4-11 所示。

（a）　　　　　　　　　　　　　　（b）

图 4-11　丹麦哥本哈根 Jægersborg 水塔绿色重构

（a）水塔居住单元排布；（b）水塔整体鸟瞰效果

1）空间合并

空间合并主要是指将若干相对独立的旧工业构筑物采用连接部位打通、连廊连接以及顶部连接等方式合并为更大的可以互通的连续空间。 其中，连接部位打通的空间合并方式多用于紧靠在一起的旧工业构筑物，主要是在共用墙体或者并排紧靠的墙体处打通以形成可相互流通的空间。 如果构筑物为框架结构，还可将非结构性的部件拆除，从而使空间合并为一体。 顶部连接是将相邻的旧工业构筑物在连接处加盖屋顶，使其封闭连接。 在加顶的连接空间处可以通过楼梯、连廊等将原本独立的构筑物连接在一起，这样既增加了使用面积，也创造了极具魅力的共享空间。

2）局部空间调整

局部空间调整包括局部空间拆除和局部空间重建两种。

局部空间拆除主要分为：拆除旧工业构筑物中的非结构性构件以获得较大的内部空间；拆除原有少部分结构构件（如梁、柱、钢结构框架等），以形成丰富的适应新功能的空间；拆除局部旧工业构筑物体块等。

局部空间重建有两种情况：一是对原工业构筑物局部损坏部位的重建；二是对旧工业构筑物局部拆除后重建，以形成新的外观轮廓。 前者主要是出于对原构筑物维修的考虑，侧重于对结构的加固和构筑物构件的修缮，构筑物重建前后的风格形式基本不变；后者侧重于对构筑物外观造型的考虑或者空间使用需求的考虑，通过重建获得与原构筑物不同的形式，从而使得居住建筑的外观以及空间细节呈现出不同的风貌，丰富居住空间的文化内涵。

　　比利时的'Kanaal'in Wijnegem公寓将灰筒仓进行升级，改造为具有居住功能的新建筑，既保证了居住需求的视野以及自然采光的宜居性，又不会危及筒仓综合大楼的特征。设计师保留了6个筒仓，通过开小窗洞采光，将其中两个高度分别为31米、28米的灰色筒仓替换为全新的方形透明体块。作为起居室的方形空间的开放性改善了混凝土筒仓的封闭性，如图4-12所示。

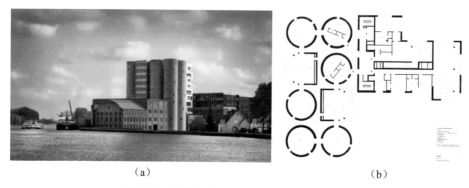

（a）　　　　　　　　　　　　　　　　　　　　　　　　（b）

图4-12　比利时'Kanaal'in Wijnegem公寓

（a）外观；（b）平面布局

3. 外部环境

1）原生植被保留

　　旧工业构筑物及其周边的空间环境经过数十年的发展，大多形成了大量原生的树木、灌木和草坪等，这些原生的植被是物种竞争、环境选择的结果，具有重要的自然生态价值。原生植被在新的居住环境内能快速地建立新的生态平衡，具有良好的生态适应性，不需要烦琐的人工维护。因此在景观设计中，设计师更要注重对原生植被的保留。其不仅能保留工业历史与记忆，还能在新的居住环境中形成自然美效应。

2）旧工业构筑物废弃利用

　　保留具有历史价值、文化价值的旧工业构筑物，是以工业文化为底蕴的居住景观设计的重要内容。这些旧工业构筑物不仅是独特的物质资源，也是重要的文化资源。原有的废水池、轨道、工艺流程中的附属设施以及构件都可以保留下来，通过现代艺术设计思路的创造，作为景观功能要素、工业艺术品或者景观装置等供人使用、参观与展览，丰富居住区文化底蕴。

　　长沙万科紫台会所保留原有的货运铁轨，增加了旧工业文化气息，如图4-13所示。 会所在绿色重构设计中非常注重新加部分和原有遗存风貌的协调，外部新加廊架采用与管道支架一样的钢铁材料，建筑内部则保留原本的室内吊车梁，用旧工业构筑物语言进一步烘托会所的工业文化底蕴，如图4-14所示。

图 4-13　货运铁轨原貌　　　　　　图 4-14　室内吊车梁保留

3）景观场所演绎

景观场所演绎是指在结合旧工业构筑物的居住小区景观设计中，要关注原场地工业文化，对原有的场所文脉与记忆片段进行情景化、符号化的艺术加工，创造既有工业文化内涵又有时代感的景观场所，烘托居住区所蕴含的特有叙事主题。

如图4-15所示，大塘社区是新中国钢铁工业发展的元老企业——东方红钢铁厂的职工生活区，绿色重构设计时从社区丰富的工业文化资源中凝练核心内容，为公共空间确定独特的文化形象定位，突出反映该社区工业文化特质的亮点，使其成为独具特色的地方文化符号和文化名片。

（a）　　　　　　　　　　　（b）

图 4-15　大塘社区

（a）仿铜浮雕文化墙；（b）铁桶改造成的炼钢炉

4.4 文 体 模 式

4.4.1 基本内涵

1. 演变分析

从文体模式的兴起来看，这种类型的旧工业构筑物起初与工业革命对创新的展示有不解之缘，此后则逐渐向收藏工业历史遗产发展。文体模式多数是将旧工业构筑物绿色重构为主题博物馆、文化中心以及体育馆等，保留构筑物的核心样貌，通过植入新的文体功能激发文化潜力，活化城市空间。与普通的博物馆相比，通过旧工业构筑物绿色重构而成的博物馆本身就是一件展品，具有浓厚的人文价值，将工业文化展现得淋漓尽致，也更容易被游客熟知。

20 世纪 50 年代起，部分资本主义国家逐渐步入后工业时代，厂区纷纷关停，结束了生产使命，而在半个多世纪之后的今天，旧工业构筑物寻求新的转型已成为普遍现象。在一项有关民众如何感知旧工业构筑物的调查当中，能够表达工业材料轻盈、透明、有韵律的技术美学，砖砌建筑透露的历史感，象征机械时代的巨型构筑物及其破败后的废墟感等因素成为高分项。而这正对应了"工业风"审美、传统美学和壮美奇观这三种旧工业构筑物在不同历史阶段与城市建立起的文化连接。反过来，当这些观念被运用于旧工业构筑物绿色重构时，也表明这些功能获得了文化的外延。从这一点上来说，作为社会价值体系物理再现的文体模式对旧工业构筑物的接纳，揭示了整个社会文化取向的变化。

欧伯豪森城拥有全欧洲最大的瓦斯罐，建于 1929 年，直径 67 米，高 118 米，现被改造成了全欧洲最大的展览馆。整个展览馆营造出一个巨大的全封闭空间，上有采光天窗。罐内设有一个直通罐顶的电梯，可以俯视罐内全景，如图 4-16 所示。

2. 需求归纳

文体模式下的旧工业构筑物某种程度上代表了所处工业时代的建造技艺和生产制造水平，是工业文明记忆的重要物质载体。历史的演进，城市的高速发展变化，产业结构的不断调整，使得大量旧工业构筑物失去了生产活动的价值，面临着被废弃拆除，以及作为工业遗产蕴藏的工业记忆与场所精神被破坏与忽视的命运。对于文体模式下的旧工业构筑物价值要素进行评估，在保护的前提之下进行绿色重构，

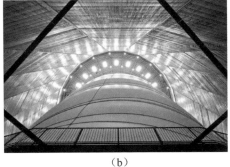

（a） （b）

图 4-16 欧伯豪森储气罐展览馆

（a）外观；（b）内景

通过功能模式的置换，出于对工业历史风貌的尊重与保护，向公众传播工业历史文化内涵，继承工业文明，延续工业精神，在新的时代背景下具有更为丰富的意义。

3. 可用性归纳

1）经济价值的契合性

相比于大拆大建，文体模式下旧工业构筑物绿色重构再利用可节约拆建成本，保留结构状况良好的旧工业构筑物，对其承重结构以及材料的绿色重构再利用可以降低建设成本。同时依托构筑物原本所使用的电力、排水等市政管网布置，减少基础设施方面的经济投入，从而可以创造良好的环境，还可以产生经济效益。

2）场所纪念的契合性

旧工业构筑物见证了社会的发展进步，在一定程度上能够反映当时的政治、经济、文化背景。在绿色重构中可将其代表的历史文化在新的功能空间中演绎，唤起人们对于城市发展历史及生活的共同记忆。诺伯舒兹曾提出"场所精神"概念，其指的是"人在场所中产生的精神感受和行为体验"。旧工业构筑物形体特征明显，具有较强的识别性和标志性，往往成为文化的个性化标志。

3）地理位置的契合性

目前存在大量与社区邻近的旧工业构筑物。它们虽然不能再满足生产服务需要，但其所处地段环境优越，交通便利，可达性高，具有较为开敞的外部空间，若被重新改造为文化活动中心，结合周边历史文化资源、自然景观与居民活动实际空间需求，植入适宜的功能类型，打造特色的文化体验主题，将会为周边居民提供更加有特色的活动场所。

4.4.2 模式特征

1. 外观形态

旧工业构筑物通常就是一个城市、一个区域某种文化的物化表达，具有一定的历史性、代表性和纪念性，而且在建筑造型方面具有辨识度。双曲线形的冷却塔、成组排列的筒仓群、高大的烟囱和水塔以及具有建构之美的炼铁高炉，都具有一定的区域标识性，将其作为文体功能空间再利用，具有一定的优势。

上海油罐艺术中心是全球为数不多的油罐空间改造案例之一。曾服务于上海龙华机场的一组废弃航油罐，经由 OPEN 建筑事务所的改造成为一个综合性的艺术中心。设计师最大限度地保持了工业痕迹和原始的美感，只新增了一些圆形、胶囊形的舷窗和开洞，在植入丰富功能的同时保留了油罐罐体独特的形态，如图 4-17 所示。

 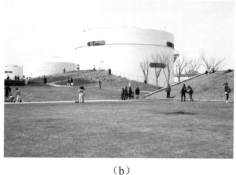

（a）   （b）

图 4-17　上海油罐艺术中心

（a）远景；（b）近景

2. 内部空间

基于旧工业构筑物内部空间类型，许多文体模式功能空间类型都可以适配，如表 4-1 所示。冷却塔、筒仓、高炉及其附属设施等旧工业构筑物由于空间规模较大，整体性较强，十分适合作为大型展览空间。而水塔相对来说造型多样，体量中等，高度在 20～50 米，适合作为小型单元式的展示空间。在满足功能使用、采光通风、交通的前提下，根据空间功能选择相适应尺寸以及空间特征的旧工业构筑物，通过现代化技术的帮助，最终能够达到绿色重构的目的。

表 4-1 文体模式下旧工业构筑物分类研究

旧工业构筑物	原有功能	结构形式	风貌特征	文体模式绿色重构方式
冷却塔	冷却生产过程中产生的热水	钢筋混凝土	多为单叶双曲面形状，体量巨大，高度在50～100米，标志性极强	利用大规模内部空间，改造成大体量展览观演功能空间或体育功能空间
筒状料仓	用于存放工业原材料	钢筋混凝土	竖向结构，体量高大，体积庞大，标志性强	利用简洁平面与较高高度，改造为单元静态文化功能空间
油、气储罐	用于储存煤气、石油等，远离主要设施单独建设	钢结构	圆柱形或球形，体积庞大，高度可达100米以上，标志性强	多改造为地标性功能空间
水塔	工业场地中储水与供水功能	砖混结构	造型多样，体量中等，高度20～50米	多改造为景观设施与小型展览空间，同时可以攀登瞭望

德国 Wunderland Kalkar 游乐园的前身是一座核电站，改造后变成一个游乐园。园内最具标志性的建筑就是前核电站的冷却塔，它的内部被改造成了秋千，外墙则是攀岩墙，如图 4-18 所示。非洲索维托发电厂冷却塔改造后不但成为涂鸦的舞台，还变成了蹦极运动的场地，如图 4-19 所示。

（a）　　　　　　　　　　　　　　　（b）

图 4-18 德国 Wunderland Kalkar 游乐园

（a）内景；（b）外景

由于旧工业构筑物的形态、朝向及所处环境等因素基本无法改变，故通过重构解决内部空气流动和自然采光的问题就成为设计的重点，同时也要适应各种气候环境。比如对于北方地区来说，旧工业构筑物形体空间的重构必须适应北方地区寒冷的气候特征，对筒仓、冷却塔等大空间构筑物进行重构需要注重玻璃材质的使用占

（a）　　　　　　　　　　　　　　　　　（b）

图 4-19　非洲索维托发电厂冷却塔

（a）外观；（b）筒仓内蹦极运动

比，避免内部空间保暖性差而降低使用质量。通过对室内空间进行灵活划分，可以增强室内自然采光及自然通风的利用率，提高室内环境舒适度，减少机械运行的时间，达到节约能源、降低能耗的目的。

3. 文化底蕴

旧工业构筑物往往在城市中占有较好的区域位置，在重构过程中既能与区域功能、空间相互渗透，也能与城市的其他功能相互补充。文体模式通过恢复构筑物的文化底蕴来延续该地区的区域文脉历史，激活城市公共空间作用，其中科技价值、工艺价值和记忆价值的保留、阐释和展示是文脉延续的关键，是体现在物质文化承载之上的精神意蕴。旧工业构筑物是工业记忆的重要载体，通过以文化价值为核心的改造和再利用，可以保持建筑原有的物质空间形态和结构纹理，结合现代手段整合场地情况，保护和突出文物建筑、结构、设备与生产文物的关系，使工业遗存承载的历史技术信息得以顺利传承。

金威啤酒厂位于深圳罗湖区，这里承载着深圳曾经的奋斗、辉煌以及企业精神，设计师从场所价值的挖掘和转化入手，通过灵活的空间介入，让啤酒厂的工业设备遗存成为整合公共文化生活的城市装置与构建文化生产的舞台。其中，埋在地下的圆形沉淀池被改造为被地面廊道与空中钢桥环绕的景观花园，33 个白色筒仓被设计者有选择性地结合展览叙事予以保留或改造，拔掉中间 3 个直径 7.5 米的筒仓罐体，打造户外剧场，如图 4-20 所示。

4. 外部环境

传统旧工业构筑物在环境保护方面对于绿化设计的思考相对比较少，甚至不会做植物的遮阴、景观处理等。部分旧工业构筑物在景观上的绿化重点只集中在"门面"式的入口处设计，未真正关注到使用者长时间停留的区域。重构设计需要利用

（a） （b） （c）

图 4-20　筒仓户外剧场

（a）总体效果；（b）圆形沉淀池；（c）室外展场

绿化植物并结合其他景观要素改善室外使用环境，例如利用植物和水体降低场地温度，通过乔木、灌木等植物的合理种植，在一定程度上引导夏季风向，改善通风情况，并防止冬季的寒风气流等。此外，结合使用者的使用需求，增加户外活动空间的类型、功能，提供更加多样的活动场所。

4.5　景　观　模　式

4.5.1　基本内涵

《威尼斯宪章》曾提出"我们的责任就是将文化遗产完整地、真实地传承下去"。旧工业构筑物的绿色重构不仅限于内部空间和外表皮，其内部所蕴含的工业元素的景观化再利用也是绿色重构十分重要的组成部分。

1. 演变分析

19世纪末期至20世纪50年代，西方发达国家正处于工业时代的巅峰时期，此时景观模式下旧工业构筑物的绿色重构大多是为了弥补因城市建设进程过快而暂时停止的观赏审美需求，且此时的构筑物还不是主要的研究对象，多作为次要对象配合工业建筑的重构项目，呈现零散景观布置。从20世纪60年代开始，由于生态环保意识的不断增强，景观模式下绿色重构中更加强调植被以及与自然资源的结合。20世纪80年代以来，许多城市进行产业结构调整，旧工业构筑物逐渐停止使用甚至被废弃。而旧工业构筑物由于其标志性的视觉特征，逐渐成为景观功能的一部分，并且因为其高大壮观的特征而成为地区景观标志性节点。 从这一阶段开始，人们对旧工业构筑物在景观方面的关注逐渐增强，其绿色重构过程中也多借鉴旧工业建筑的相关生态景观理论、生态恢复理论以及场地景观设计的相关研究，并且用艺术化的方式进行表述。

2. 需求归纳

1）旧工业构筑物在景观中的直接再利用

很多原有的旧工业构筑物（包括运输用的火车头、铁轨、吊车、大型工业操作设备等）可以直接再利用于景观环境中。 例如德国北杜伊斯堡景观公园中将原有的铁轨、炼钢的铁水车、烟囱以及水塔等旧工业构筑物原貌保留，作为公园中的标志性景观雕塑进行展示，如图 4-21 所示。

（a） （b）

图 4-21 德国北杜伊斯堡景观公园

（a）设备原貌；（b）烟囱原貌

2）旧工业构筑物在景观中的绿色重构再利用

将旧工业构筑物进行绿色重构后再利用到景观环境中的应用较为普遍，再利用方法也较多，例如将旧工业构筑物加工后作为景观小品、游憩休息空间甚至城市的新地标安置在外部环境中。 冷却塔可以成为激光秀的表演舞台，高大的储气罐可以做成一个高台，供人们远眺，如图 4-22 所示。

基于可持续性分析，将旧工业构筑物中的钢铁构架以及砖石等废弃材料重构再利用为景观环境中的再生材料，可以减少对新资源的浪费，减少垃圾的产生。 例如在德国鲁尔工业区的北杜伊斯堡景观公园将原有冷却塔中的废旧钢板再利用为广场

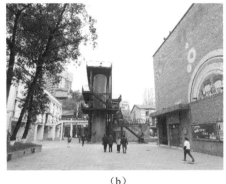

（a） （b）

图 4-22　工业遗产的绿色重构再利用

（a）冷却塔成为激光秀的表演舞台；（b）废旧设备做成高台

的地面铺装材料，形成了独特的工业景观，吸引大量人流。

3. 可用性归纳

景观模式下旧工业构筑物绿色重构的关键过程是景观置换及文化艺术价值重建，这不仅仅要用艺术创作的手法来改变场地的外貌，而且还要通过社会学、生态学的理念以及艺术手段、科学技术来达到景观重建、生态恢复、经济发展和环境更新的目的。

景观模式下旧工业构筑物绿色重构的关键问题是生态恢复和可持续发展。长期的工业生产活动严重影响场地的自然环境。生产作业中产生的粉尘和有毒气体大量释放到空气当中，导致大气污染，空气质量大幅下降，威胁到人们的身体健康。山川河流成为其主要的排污途径，致使水体的成分发生变化，以水为生的生物会因为水体中污染物含量的上升而死亡，生物栖息地也受到破坏。因此，恢复场地自然环境的生态价值十分有必要，能够保护和改善城市生态环境，使得自然资源可持续发展。另外，需要进一步关注文化传承的价值重建。在废弃的旧工业构筑物中，破损的工业设备、生锈的铁轨等构成元素通过空间重塑可以帮助公众了解在这片场地中曾经发生的历史故事，体会工厂的工业文化、企业文化和历史风貌等，延续一代人的集体记忆。

4.5.2　模式特征

旧工业构筑物更新的形式主要包括恢复构筑物外观形态、"新""旧"构筑物形式的对比与协调、保留构筑物结构、构筑物形式的彻底更新四种。对有着明显的时代特征、历史文化价值和地域文化特质的旧工业构筑物，应优先选择对其外部形态采用整体保护的方式，保持其整体风貌，并对严重破损的部分进行修缮和局部结构更替，对内部空间结构进行功能转化和更新重构。

1. 外观形态

旧工业构筑物的形态种类多样，独立点状的旧工业构筑物，例如烟囱、水塔、储气罐、塔吊、输电塔等大型构筑物，因其特有的高度和体量成为场地的制高点，同时也是视觉中心点；横向特征较为明显的过滤池、通廊、栈桥、铁轨等线性构筑物可以作为串联景观连接各个节点，从而打造良好的连续性与节奏感，或者转变为贯穿全园的步行体系或交通枢纽，提供新鲜的参观游览路线和体验；零散的基础设备、工业平台、室内吊车梁等小型构筑物可以作为单元式的空间，不仅有鲜明的识别性，还能给游客留下深刻的印象。在进行绿色重构时需要利用旧工业构筑物这些特有的景观特征，有针对性地去进行设计，才能让这些原本废弃的物体重新焕发光彩。

中山岐江公园里的旧工业构筑物改造再生，对于城市景观塑造起到了很好的作用，为游客带来了较好的景观体验，如图 4-23 所示。琥珀水塔是在原工业构筑物外围包裹一层玻璃幕，内置灯光进行照明处理。华灯初上的时候，原来粗犷的工业构筑物宛如一件精美的琥珀，构筑物在玻璃幕中若隐若现，成为公园内的一大亮点。骨骼水塔是位于公园中间的另一座水塔，最初的设计是将一座废旧水塔剥去水泥后，剩下钢筋留在原处，但由于原水塔结构的安全问题而没能实现，最终用钢按原来的大小重新制作而成。

（a）   （b）

图 4-23 工业遗产形态上的再利用

（a）琥珀水塔；（b）骨骼水塔

在德国梅德里希（Meiderich）钢铁厂重构的景观公园中，设计师巧妙地将高架步行系统与旧工业构筑物相结合，包括许多大型的通风管道、部分筒仓以及冷却塔中的部分构件，为参观者提供了独特的观赏视野，如图4-24所示。英国卡斯尔菲尔德（Castlefield）高架桥由铸铁和钢材制成，曾经作为运送货物进出曼彻斯特的道路，现已改造成面对公众开放的绿色空间，再生的高架桥还将作为通往曼彻斯特南部其他绿地和景点的门户，步行或骑自行车均可探索，增加了公园的文化价值，如图4-25所示。

图 4-24　德国梅德里希钢铁厂　　　　　图 4-25　英国卡斯尔菲尔德高架公园

2. 周边环境

旧工业构筑物在重构的同时，对于场地环境也应给予关注，将构筑物融入其中，以更加生动的姿态展现出来，从而增强人们体验的真实性，增加对历史的认识。如旧码头厂区的旧工业构筑物（如灯塔、水塔、护堤、桥梁等），在造型、比例、体量、功能、尺度、材质、空间等方面对空间环境的塑造起到很重要的作用，它们的形态构成对滨水工业遗址环境的感知起到了重要作用。

地形、植被和水体也是塑造景观很重要的元素，对其有效地利用可以打造出更有特色的景观。原本场地内的植被仅限于满足旧工业构筑物周边的绿化需求，并且经过多年的无人养护，杂草丛生，经过合理的规划设计、植物配置，可以营造出具有对比性、渗透性的景观，再通过引入生态性的植被，还可以加强自然生态效益，如图4-26所示。

3. 历史传承

旧工业构筑物具有强烈的工业场地特征，可以通过适当的设计手法延续其工业特质和历史文化。例如针对具有较高历史价值和研究价值的旧工业构筑物，可以采用遗址式保留的方法。除对其进行必要的维护之外，应尽量少对原有景观做任何改动。如英国的布雷纳冯工业公园，它曾是19世纪世界主要的钢和煤的产地。公园

（a）　　　　　　　　　　　　　　　　　（b）

图 4-26　景观元素与工业构筑物

（a）植物与工业；（b）水体与工业

基本保持了 19 世纪的原貌，保留着过滤池、地道、网格状料仓、铁路系统、熔炉等旧工业构筑物单体以及空间排布，使公园成为一个展示工业文明的舞台。

通过拆除部分工业构件和植入一定现代元素的方式，可以使新旧元素起到对比以及互相凸显的作用；或者通过选择性地保留部分工业构件和结构并加固的方式，可以延续构筑物及设施的结构美和历史记忆，重新塑造工业景观，增加场所的艺术感染力。德国北杜伊斯堡景观公园中利用方形生铁板制成的金属广场，通过在原有的通廊以及管道支架等旧工业构筑物周边增加艺术水广场的基础上进行生态植被丰富的方式，打造出结合工业文化的现代广场景观，如图 4-27 所示。中山岐江公园中旧码头改造而成的桁架展现出的结构体量及其细节创造出的工业之美，如图 4-28 所示。

图 4-27　德国北杜伊斯堡
景观公园金属广场

图 4-28　中山岐江公园桁架

旧工业构筑物绿色重构设计策略

5.1 空 间 重 构

空间特征是旧工业构筑物本身较为本质的一个特点，通过重构可增强人们的空间体验，使进入其内部的人们对旧工业构筑物的空间特征有更为直接而清晰的感受，使旧的工业遗产回归到城市中去。

5.1.1 内部空间划分

旧工业构筑物在绿色重构设计过程中，可通过内部空间划分来重塑内部功能，通过弹性的设计方法来构建舒适的内部空间环境。具体来说，就是可根据实际更新需求、特点等，对内部空间进行适当的调整，以使旧工业构筑物空间体现出最大的价值。

1. 整体利用

当构筑物遗存空间结构现状与植入功能空间需求吻合时，不对旧工业构筑物的原有空间进行划分、拆卸或增建，而是利用构筑物的整体空间来布置其功能；或者构筑物本身的历史文化价值较高，不得任意更改其空间结构，应保留其空间形态，仅作适当的维修与加固，将构筑物本体作为文物展示并对室内空间的设计再利用。例如，1928 年建造的德国奥伯豪森储气罐作为冶金生产链中的一环，具备煤气的储存功能，即使被废弃，储气罐内部空间仍在"空间原构"的理念下得以保留。在装修加固后，它被转化成了一个集展览馆、剧院、音乐厅等功能为一体的综合性文化场所，其内部空间得到了完整的利用，如图 5-1 所示。

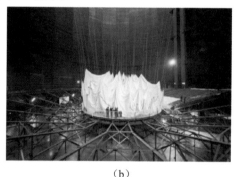

（a） （b）

图 5-1　德国奥伯豪森储气罐

（a）外观；（b）内部

在芬兰赫尔辛基 468 号筒仓再利用工程中，原储油罐被改为一座光影艺术中心，在保留了原来的内部空间布局后，设计师在筒壁上打了 2012 个小孔，并在小孔后面装上 1280 盏 LED 球形吊灯，加上筒壁上的红漆，使自然光线和人造光线融入一个全新的空间里，为公众提供了一个特别的活动场所，如图 5-2 所示。

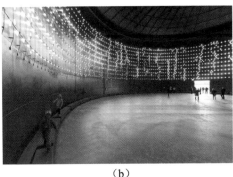

（a）　　　　　　　　　　　　（b）

图 5-2　芬兰赫尔辛基 468 号筒仓

（a）外观；（b）内部

2. 水平划分

水平划分是指在同一水平维度上根据功能需求利用透明或实体材料进行空间分隔。常见的方法包括实体隔墙分隔和软隔断分隔。通过实体隔墙，可以将旧工业构筑物的内部空间划分为数个独立的功能空间，这些空间不会互相干扰。软隔断通常采用屏风、幕布、拦网等进行空间划分，灵活性较强，必要时可合并使用。例如，上海油罐艺术中心的 5 个油罐内部的空间分隔方式是根据演艺厅、餐厅、展厅和美术馆的功能需求进行水平空间划分的，其分隔的墙体包含弧线墙体、直线墙体和两者组合墙体，以适应不同的功能需求，如图 5-3 所示。

3. 垂直划分

垂直划分，即将垂直向的空间划分为数个独立空间使用，通常采用空间增层的方式来增加旧工业构筑物内部的层数，植入"适应性"小空间和培训、商业、餐饮等功能，提高空间的利用率。通过对内部空间进行增层设计而使建筑面积和空间利用率大大提高，如图 5-4 所示。在对原结构形式进行保护的同时增加简易钢结构，形成内部售卖空间及休憩空间，同时利用垂直划分形成空间上的视觉冲击感，容易形成区域性的地标节点。

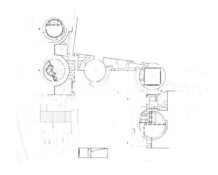

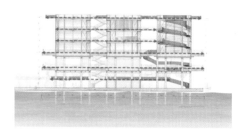

图 5-3 水平划分   图 5-4 垂直划分

5.1.2 外部空间延伸

　　旧工业构筑物的特殊之处在于其结构外形和内部空间特点，曲面的筒壁、原始的材料饰面等呈现出粗野主义的现代美感。根据工业构筑物空间结构类型的不同，再生利用前应该明确其空间结构构成要素，了解其结构特点，进行有针对性的结构检测分析，在保持结构、空间原真性的基础上制定合理的设计方案。当旧工业构筑物面积不能满足再利用后的功能需求时，在不破坏原有结构的情况下，可采用外部空间延伸的方式。外部空间延伸根据延伸方式可分为整体外延和局部外延两种。

1. 整体外延

　　整体外延是在保持原主体结构的前提下，充分发挥构筑物的稳定性，向四周延展空间，从而形成新的功能结构。例如，丹麦哥本哈根港口的两个废弃筒仓被改造为弗洛兹洛双子星公寓。该公寓设计采用整体外延的方式，利用筒壁作为支撑结构，将悬挑的空间延展至筒仓外围。通过这种方法，筒仓主体空间形成了两个共享中庭，既保持了原有工业的材料质感，又兼顾了现代的时尚气息，如图 5-5 所示。

(a)   (b)

图 5-5 丹麦哥本哈根弗洛兹洛双子星公寓

(a) 整体外延；(b) 悬挑结构

2. 局部外延

局部外延是指新建空间不再围绕原来的主体而存在。通过在一个或多个角度进行扩展，新的空间体系和原来的空间体系在横向上处于平行状态。例如，北京怀柔金隅兴发水泥厂十八仓在改造时采取了局部外延的方式。在筒仓顶部加建了专家公寓，原有筒仓空间被改造为数学家俱乐部。顶层体块的延伸使旧工业构筑物的使用空间得到了更丰富的发挥，如图 5-6 所示。

（a）   （b）

图 5-6　北京怀柔金隅兴发水泥厂十八仓专家公寓

（a）筒仓旧貌；（b）改造方案

5.1.3　内部腔体植入

"非常建筑"理论中提到有一种关于空间重构的方式，就是"植入一个微型腔体空间来重构内部空间，使其维持原来的空间品质"。该方式借鉴了生态学与建筑仿生学的内容与方法。通过采取合适的空间形体、运用相应的生态技术措施和适当的细部构造重塑内部空间。在工业构筑物的重构中有两种内部腔体植入方式，一种是空间加法，另一种是空间减法。

1. 空间加法

空间加法是将一个完整的空间嵌入旧工业构筑物空间中，从而形成新的实体空间。以阿姆斯特丹议会举办的"筒仓"改造设计竞赛为例，设计师在筒形地基上嵌入了一个高达 40 米的圆锥形人工洞穴。由于锥形体的墙体是倾斜的，因此它和筒仓墙壁之间形成了一个新的实体空间，这个新空间可以作为攀岩运动厅或多功能大厅使用，如图 5-7 所示。

2. 空间减法

空间减法是在对空间复杂的旧工业构筑物进行腔体植入时，通过建造几个竖向

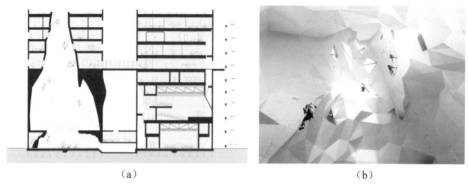

图 5-7 阿姆斯特丹"筒仓"改造设计竞赛作品

（a）剖面图；（b）内部

共享的中庭，可以减少内部空间结构的使用，进而形成一个较大的空间腔体，从而创造出独特的空间感受。例如，非洲当代艺术博物馆就是以谷仓为基础，设计师拆除了8座筒仓并在内部切割出一个椭圆形的腔体中庭来增强空间感受，并利用天窗采光技术实现了多维度的空间渗透效果，如图5-8所示。

图 5-8 非洲当代艺术博物馆腔体植入

5.2 立面处理

5.2.1 原状翻新

原状翻新是指对旧工业构筑物外表面进行修复和再生。对外部形态损坏严重但保留价值较高的立面，要尊重工业构筑物遗存的历史信息，最大限度地恢复其外部形态特征。采取原态化的表皮再生方式进行修复，要在保护好原有建筑表皮形态的前提下，通过适当改造使其满足现代生活需求并能够体现工业文化内涵，同时还要符合城市风貌要求。

这种表皮再生方法通常是对构筑物的外表进行清洁和维护，并对其损坏的部位进行适当的修补和加固。原状翻新的典型案例是里卡多·波菲建筑设计事务所总部筒仓改造项目，该项目保留了 30 多个料仓的粗犷外表并对其进行维修加固，用植物加以装饰，从而重新塑造了历史工业遗产的新风貌，如图 5-9 所示。

（a）   （b）

图 5-9　里卡多·波菲建筑设计事务所总部

（a）改造前；（b）改造后

5.2.2　表皮置换

表皮置换通常分为两种改造形式，一种是先保留旧工业构筑物的整体外部框架，再更换或者拆除立面墙体，最后加入全新的立面；另一种是将全新的表皮直接加建于原始的旧工业构筑物立面之上，无须拆除原有的立面，这种立面改造方法适用于结构牢固或立面单调破旧及外立面无法较好地展现新功能特点的旧工业构筑物。表皮置换的优点是在功能空间确保可以被灵活划分使用的基础上，营造出一种与旧工业构筑物风格完全不同的新风格，并且能更好地满足时代的审美要求。

例如，非洲当代艺术博物馆为了在海滨营造灯塔形象，把筒仓的上层表面替换成了巨大的凸面玻璃，通过玻璃与混凝土的对比，反映出海滨灯塔与工业遗产的多维互动，如图 5-10 所示。

在丹麦哥本哈根北港的中心区有一座名为 The Silo 的公寓楼。该公寓楼原本是一座粮食仓库，17 层的粮仓楼曾是哥本哈根北港最大的工业楼，粗犷的外立面上的黑字极具工业时代的风格。为了升级原本粗犷的混凝土立面，设计师将整个建筑的外立面都用几何形态的镀锌钢板材料覆盖，内部则保留了原始的混凝土内饰，以此展现海港粗犷的特征，如图 5-11 所示。

图 5-10　非洲当代艺术博物馆表皮

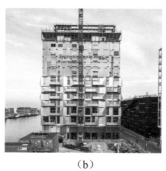

（a）　　　　　　　　　　　（b）　　　　　　　　　　　（c）

图 5-11　丹麦哥本哈根 The Silo 公寓楼

（a）改造前；（b）改造中；（c）改造后

5.2.3　新旧对比

新旧对比是指设计师可以通过新的部件、新的材料和新的颜色，来达到与旧工业构筑物保存完好的墙体结构形成强烈对比的目的。　新旧对比主要以异质化表皮再生作为处理手法，即用新的表皮对旧工业构筑物进行立面更新，其形态、材料、颜色与原建筑表皮一般具有明显的差异，这种做法能够使原有构筑物焕发出新的生机和活力。　在旧工业构筑物重构中，可以根据构筑物改造的功能属性选择合适的外立面材料包覆处理整个或部分构筑物，比如通过明亮、透明、细腻的玻璃或软质、弹性的布膜材料与旧工业构筑物密闭、厚实、粗糙的混凝土产生对比。　丹麦哥本哈根北港 The Silo 公寓楼的筒仓再利用项目中采用了一种以镀锌钢板覆盖筒仓外墙的方法，与原筒仓粗糙的外表形成了鲜明的反差，从整体上来看仍然保持着筒仓的工业风格，如图 5-12 所示。

图 5-12　丹麦哥本哈根北港 The Silo 公寓楼的筒仓表皮

5.3　结 构 改 造

为了保障旧工业构筑物的安全使用，需要先了解构筑物目前的破损情况和实际承载状态，综合评估筒仓安全性，最后依据评估鉴定结果，提出对构筑物结构设计的改进措施。评估鉴定可按照以下四个步骤进行。

第一，对构筑物的技术文件进行核查，包括原设计竣工图、加固改造维修记录等。

第二，结构现状检测。①地基的基本情况：检查场地类型和地基土层，地基的变形和上部建筑物的斜向裂缝等，地下水位、水质情况和土壤侵蚀等对构筑物的影响。②上层承重结构：对构筑物的现有结构受力情况进行检测。③辅助设施检测：对进出料口、爬梯、避雷针平台及其他附属构件的锚固性进行检查。④对结构布局和构件尺寸进行复核。⑤对材料中的有害成分进行检测。

第三，结构分析。采用相关的结构计算软件，根据相关设计准则对结构框架进行动态和静态的力学性能研究，以求出在正常工作环境和地震环境下，各构件、节点与连接的安全极限。在确定结构设计简化方案时，应综合分析结构的变形、缺陷和损伤、荷载作用点和作用方位、构件的真实刚度、在节点上的位置、受力后荷载的变化和施工后荷载变化等方面的影响。

第四，鉴定结论及处理意见。 根据相关规范要求、现场检测结果和结构计算分析结果，确定旧工业构筑物在当前运行状态下的安全可靠性，然后进行综合评价，给出评价结论，并提出相应的处理建议。

5.3.1 结构加固

结构的加固修缮是建立在旧工业构筑物原有结构已经损坏或者原有结构形式不能满足新的功能需求的情况下。 不管是对旧工业构筑物进行一些基础性的保护修缮，还是对其进行功能性的改造，为了保证安全性，对原有结构进行加固修复都是必要的前提。 结构的改造加固是在调研评估的基础上，对构筑物结构体系残破的部分进行修复性加固，以保障结构体系的安全稳定。 原有的结构体系都有其对应的材料属性和机理，因此，改造加固也有对应的措施。 本节将根据旧工业构筑物结构体系材料的不同和形式的差异分别提出结构材料的合理运用、结构形式的生态性修复以及结构体系的差异性优化三种策略，如表 5-1 所示。

表 5-1　结构加固策略

策略	结构材料的合理运用	结构形式的生态性修复	结构体系的差异性优化
方法	利用原有材料进行结构加固	建筑结构安全性生态修复	完善现有结构体系
	添加新的材料辅助原有结构	建筑结构经济性生态修复	新旧结构体系共存

对于不同结构类型的旧工业构筑物，应选择不同的方法进行加固。 对于砖混结构的旧工业构筑物，采取箍筋加固、钢筋网加固，以及新结构体系植入加固等措施；对于钢筋混凝土结构的旧工业构筑物，采取增大截面、灌浆修补、混凝土喷射以及碳纤维加固等方法增强结构刚度；对于钢结构的旧工业构筑物，采取增大截面、植入杆件以及焊接等加固措施。

还可以将新的结构植入原有结构体系，提高原有构筑物的利用率，并对原有结构进行加固和补充。 例如，在上海民生码头 8 万吨筒仓改造工程中，采用了一种全新的构造系统，将新结构与筒壁结合起来，形成了一种全新的钢框架—钢筋混凝土筒体剪力墙结构，该结构不仅起装饰和围护作用，而且还是一种全新的结构形式，如图 5-13 所示。

当群仓中某个筒仓结构损伤严重时，可将某个部分拆除并植入新的结构，形成新的结构体系，如图 5-14 所示。 这种加固方法可以提高既有构筑物的整体承载力，并且能够降低对既有建筑物的影响。 例如，在比利时韦讷海姆筒仓公寓改造项目

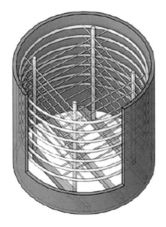

图 5-13　钢框架—钢筋混凝土筒体剪力墙结构

中，新的方形筒仓代替了原来两座未完工的筒仓，新的水泥建筑结构与原有的筒仓结合在一起，形成了一个新的混凝土核心筒结构，如图 5-15 所示。

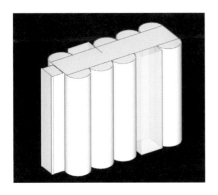

图 5-14　部分替换

图 5-15　比利时韦讷海姆筒仓公寓

5.3.2　结构修缮

　　旧工业构筑物构件（包括柱、墙体、窗等）的构造做法能体现当时构造技术的发展水平，但经过时间的推移，当时的构造构件不能够完全满足建筑功能的更新需求，因此要对构造构件进行更新处理。 通过构件的加建、拆除或替换，可以提升空间的灵活性，丰富旧工业构筑物原有空间的氛围，如表 5-2 所示。

表 5-2　结构修缮内容汇总表

策略	功能构件的适度加建	局部构件的灵活拆除	破损构件的新旧替换
内容	连接构件的加建	部分非承重构件的拆除	节点构件的替换
	水平层面的加建	墙体的局部拆除	承重构件的替换
	分隔构件的加建	整跨拆除	装饰构件的替换

1. 功能构件的适度加建

功能构件的添加主要分为两种：一种是添加满足结构安全性要求的构件，当旧工业构筑物原有的结构构件不能承担支承作用时，可以选用与原结构材料相同或不同的承重构件辅助原结构承担荷载，满足结构的安全耐久要求；另一种是添加满足结构功能需求的构件，就是在原有结构不能满足功能更新要求的情况下，可以选择那些对原有结构影响比较小的功能性构件来增加夹层等，新增结构构件与旧的结构共同承担荷载。

1）连接构件的加建

连接构件一般作为满足结构安全性要求的构件进行加建。在旧工业构筑物原有的空间或因需新增内部空间而不能自然地适应空间结构的情况下，可以在对原有结构进行荷载计算后，在室内增加楼梯、楼板、连廊等构件，用来连接分隔的空间，提高空间的灵活性和层次感。新加建的构件要与原结构进行合理、安全的连接，例如设置钢结构夹层，新增的构件与原有结构之间采用铰接或焊接的方式，实现内部空间的充分利用。

2）水平层面的加建

这种加建方式多属于满足结构功能需求的构件加建。在旧工业构筑物原有的空间和体量不能够满足功能需求的情况下，为了节省建筑的占地面积，可以采用加建屋面和墙体的方式垂直叠加使用空间，从而满足新的功能需求。所谓的垂直叠加就是指在旧工业构筑物的顶界面或底界面增建新的结构构件或结构体系来完成空间的扩充。在旧工业构筑物的原结构体系在支承和抗震等方面不能够保证新建结构体系灵活运用的情况下，垂直方向的新旧结构体系之间会产生一种必然的力学联系，两者相互制约、共同承载，从而实现垂直方向的空间扩展。

3）分隔构件的加建

一般是在原有结构体系具有较大的强度、刚度和较好的抗震能力的情况下，在构筑物内部增加新的非承重结构体系，形成新的空间界面，新旧结构体系相对分离，但这种方式对于构筑物空间的塑造更为灵活多变，更容易接纳具备现代技术的新结构、新材料的加入，也能够满足旧工业构筑物工业价值的最大化保留要求。 水平方向的叠加弥补了旧工业构筑物部分空间单一的缺陷，形成了横向的新旧对比。

2. 局部构件的灵活拆除

局部构件的拆除能够增加空间的灵活性，在满足功能更新要求的同时能够延续原有结构形式和材料的部分特征，也能够实现空间的外延。 局部构件的拆除主要为非承重构件的拆除，如部分墙体及连接构件等。

1）部分非承重构件的拆除

对于一些结构破败或整体形体不具备特殊价值的木屋顶及钢筋混凝土顶面的构筑物，可以进行拆除。 部分建筑师也会仅对局部进行拆除，而适当地保留整体框架作为装饰性结构。 在旧工业构筑物改造中，构件的拆除一般适用于结构稳定性相对较好的钢筋混凝土楼板结构，例如通过对中层非承重隔板的拆除形成通高的中庭空间，既增加了内部空间的采光效果，也丰富了空间的层次感。

2）墙体的局部拆除

在旧工业构筑物改造中，墙体的拆除主要是针对砌体结构，拆除墙体后要对原有结构框架补充钢结构或钢筋混凝土结构进行加固，营造通透的横向空间和入口空间。 在旧工业构筑物的原有外墙结构保存尚好且能基本满足功能转变需求的情况下，则可采用保留和修缮原有墙体的措施。 若原有墙体相对破败，但仍具有特殊意义，也可对其部分适当拆除，并对保留的部分进行修缮。

3）整跨拆除

整跨拆除一般是受场地条件的限制，对构筑物横向跨度的构件进行拆除。 局部拆除则主要是对原有结构局部的构件和空间结构进行调整，虽然改变了一定的主体结构，但是重视保留原有结构和材料的历史痕迹。

3. 破损构件的新旧替换

1）节点构件的替换

工业构筑物的节点构件多为节点连接及承重构件，侧重于质量轻盈性和空间连续性。 随着时间的变迁，旧工业构筑物多数节点存在损坏现象，可根据构筑物更新后的功能形式，对节点的形式进行替换，使其与整体风貌更加协调。

2）承重构件的替换

旧工业构筑物中的承重构件在整体结构中起到支撑作用，但经过长时间的风化侵蚀后，构件本身的承载能力会降低，容易发生安全隐患。 因此在旧工业构筑物的修缮中，需要对承重构件进行定期的检查、修缮，对不符合安全要求的构件进行替换。

3）装饰构件的替换

装饰构件具有一定的局限性，耐久性、耐火性都相对较差，容易生锈，不隔热，尤其是在旧工业构筑物历经多年风化侵蚀后，装饰构件很难满足改造和节能的要求。在旧工业构筑物的修缮中，通过装饰构件的替换也可以在外观上对其进行风格重构。

5.3.3 结构延伸

结构延伸是将原有结构和新增结构视为整体，最大限度地发挥旧工业构筑物的承载力，并且新增结构能够减少对原有结构的水平及竖向荷载。拓展方式主要分为竖向结构延伸、水平结构延伸和悬挑结构延伸。

1. 竖向结构延伸

竖向结构延伸是指在原有结构具有良好的竖向承载力时，将上层建筑物当作竖向拓展的基础进行加建，从而形成新老结构联系。竖向结构延伸通常采取悬挂轻质结构的方式来避免产生更多的荷载，如图 5-16 所示。例如，上海艺仓美术馆更新后的展厅比原有的煤仓空间扩展了更多的展览面积，为了更有效地组织和减少对原有煤仓结构的破坏，展厅在顶层框架柱支撑出一组巨型桁架，然后利用这个桁架层层下挂，横向楼板一侧垂直悬挂，另一侧垂直支撑原有的煤仓结构。如此既实现了煤仓作为展示空间的流线组织，也构建了原本封闭的筒仓所缺少的开放性联系，如图 5-17 所示。

图 5-16　竖向结构延伸

图 5-17　上海艺仓美术馆

2. 水平结构延伸

水平结构延伸是为了提升旧工业构筑物的横向利用空间，在原有结构中加建水平结构，如图5-18所示，使其与原来的构筑物相互联系。 例如上海灰仓艺术馆增设的悬挂结构将原有建筑包围起来，在原先独立的3个灰罐中增设2块景观结构平台，使其连接成统一的整体，如图5-19所示。

3. 悬挑结构延伸

悬挑结构延伸是基于旧工业构筑物的特殊设计需求在外部新增悬挑结构，利用构筑物形成悬挑支撑，在增加建筑外立面丰富度的前提下，可以提高特殊结构形态美感，如图5-20所示。 悬挑结构多采用增加结构支撑点或独立悬挂的形式，对原结构影响较小。 例如上海民生码头8万吨筒仓改造，通过外挂一组自动扶梯结构，人流可从三层直接到达顶层，使得参观人员获得了极佳的景观视线和参观体验，如图5-21所示。

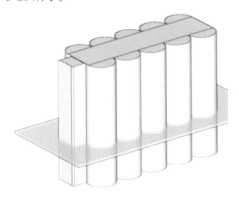

图 5-18 水平结构延伸

图 5-19 上海灰仓美术馆

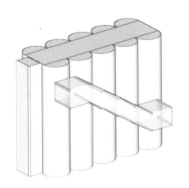

图 5-20 悬挑结构延伸

图 5-21 上海民生码头 8 万吨筒仓

5.4 生 态 节 能

5.4.1 室外场地修复

旧工业厂区年代久远，并且一般都经历过多次扩建、改建，造成了构筑物周边分布杂乱、道路空间狭窄、环境脏乱、利用率低下的现状，这种现状也在很大程度上削弱了周围的历史文化氛围。然而室外场地环境作为绿色重构空间环境的重要评价标准，不仅影响着旧工业构筑物所处的整体文化氛围，还影响着使用者的舒适度与体验感。因此在对旧工业构筑物进行重构设计时也应重视对其周边环境质量的改善。

1. 污染土地修复

旧工业构筑物所处工厂的粉尘和有害气体会对土壤生态系统造成破坏，带来潜在的场地污染隐患，为了消除土地污染，必须进行地表环境的恢复与治理。由于废弃沉积物、矿物渗透物和工业污染物等因素的存在，土地失去了所需的天然养分，这对土地的修复提出了更高的要求。在植物种植时要注意：考虑植物的经济效益；选择耐湿、耐污染、耐干旱的作物；选择适应性强、生长快的作物；优先选用本地植物，同时注意植物对土壤的固氮性。

例如，美国西雅图煤气厂公园，最初的研究调查显示，由于煤气厂的土地被严重污染，植物难以正常生长，因此采用物理及生物两种方式，将能够溶解原油的生化酶添加到受深度污染的土地中，并添加淤泥和草屑等物质以提高其生物活性，从而提高土地的再利用性，如图 5-22 所示。

2. 景观环境塑造

在旧工业构筑物重构中，虽然构筑物本身的朝向、形式及位置无法改变，但是其周边的温度、湿度、风速等微气候环境因素会对人体的舒适度及户外活动产生一定的影响，这使得室外环境重塑尤为重要。此外，工业景观带有传统的文化特征。景观和文化之间相互影响，并且相互作用，文化是景观所表现的内涵，而景观是文化的外延形式，需要通过空间和景观来实现工业文明的传承。

1）水体景观设计

在城市的生态环境中，水是连接和渗入的关键因素，与其密切相关的是自然环境和文化环境，反映了城市的文化特征。 水体景观是工业文化的载体之一，后工业化时代的场地设计应充分发挥场地自身的特点，满足人们的亲水性需求，同时水体景观也是后工业时代景观中独立存在的环境景观元素。 如德国杜伊斯堡内港的库普斯墨赫博物馆便是在码头边进行的筒仓改造项目，加建后的筒仓尺度和材料均与码头两旁的砖砌历史建筑形成反差，在水景观的衬托下，强化了对工业历史地标的尊重与纪念，如图 5-23 所示。

图 5-22 美国西雅图煤气厂公园地表修复　　　图 5-23 德国库普斯墨赫博物馆码头

2）景观小品塑造

工业遗产场地更新设计要在原有场地风貌的基础上整合设备和设施并拓展其使用功能，以传承工业文明和历史记忆。 结合现代元素对现存的工业构件进行再利用设计，可以形成新的工业景观小品，进而对场地形成创造性的环境升级。

一些遗存的工业设备往往最能代表产业特征，蕴含较高的工业文化价值，对其进行展示能吸引人们的视觉注意力，形成新的空间中耐人寻味的节点。 将具有突出工业元素特征的工业设备或构筑物进行室外展示，能够再现环境的场所精神和历史氛围，同时对旧工业厂房所表现的历史文化情怀形成补充。 如图 5-24 所示，上海城市雕塑艺术中心外围留存下来的废弃大铁皮罐，被利用作为植物生长缠绕的容器，其被赋予的"花盆"形象与艺术中心的整体环境和谐共融。 再如北京"天宁 1 号"文化科技创新园室外的工业设备展示——"日晷"，如图 5-25 所示，整体由风机上的叶轮和水泵轴杆打磨加工固定组成，形似日晷，象征时光流转。

深圳蛇口价值工厂筒仓场地再利用设计时，充分考虑了外部空间与筒仓的关系，在绿色植被与筒仓中设立交流座椅以及休息长凳，同时与筒仓外部的悬挂楼梯形成视线交流，筒仓立面的涂鸦与石凳的互动也很好地传递了场所的文化气息，如图 5-26 所示。

图 5-24 "花盆"铁皮罐

图 5-25 "日晷"装饰构件

（a）

（b）

图 5-26 深圳蛇口价值工厂筒仓场地

（a）筒仓与场地交流空间；（b）筒仓立面与石凳

5.4.2 材料适宜选用

1. 既有材料绿色重构

在旧工业构筑物绿色重构的材料选取方面，首先可考虑对拆掉回收的建筑材料进行循环使用；其次在选用新材料施工时，要考虑选择可再生、回收利用率高的建筑材料。

1）原材料的绿色重构

在旧工业构筑物绿色重构中，对被拆除的构筑物原构件可进行喷漆或打磨处理，然后巧妙地布置在新构筑物里。 对原材料的绿色重构起始于包豪斯, 这种再生利用模式既维系了工业文脉, 又避免了资源浪费, 是一种成本极低的材料绿色重构方式。 例如, 在我国低碳绿色建筑设计领军企业——天友建筑设计的作品中, 有很多对原材料进行艺术化处理再重构的案例, 如图5-27 (a) 所示。 其他原材料再利用案例有: 以脱落的麦稻为原材料制作生态板材, 再做成隔板和桌子; 以使用过的硫酸纸筒为原材料, 制作隔墙; 对旧零件进行艺术化设计, 使其成为工艺品、雕塑及创意家居等, 如图5-27 (b) 所示。

（a）　　　　　　　　　　　　　（b）

图 5-27　设计中对原材料的再利用

（a）天友绿色设计中心的旧自行车绿色重构；（b）用旧零件设计的艺术装置

2）废弃物的绿色重构

目前, 国内许多城市的旧工业构筑物在进行绿色重构过程中会产生大量的建筑垃圾及废弃物。 由于废弃物种类繁多, 在进行二次处理前对其进行分类是绿色重构的关键和前提。 建筑固体废弃物通常包括混凝土碎石、废土污泥、沥青、木材、金属、玻璃及塑料等, 具体分类及再生利用模式如图5-28所示。

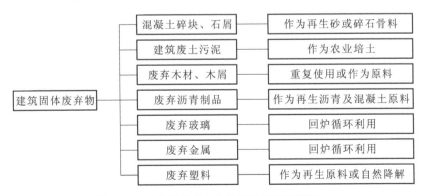

图 5-28　建筑固体废弃物的再生循环示意图

建筑材料通过一定的途径再次循环利用，也是实现材料绿色重构的一种方式，同时可以避免施工阶段产生大量的废弃物，造成环境污染。例如在德国汉诺威世界博览会瑞士馆中通过钢锁对木材进行固定，在世界博览会结束之后将可再生利用的木材应用到其他建设当中，这就实现了建筑材料的绿色重构。

2. 新材料的选择

对于新材料的选择要遵循以下原则，如表 5-3 所示。

表 5-3　新材料的选取原则

材料选择要点	选择原则
降低非再生资源的使用	尽可能降低对各种资源尤其是非再生资源的消耗
多采用绿色建筑材料	尽可能使用生产能耗低、可以减少能耗的绿色建筑材料
多选用当地材料	尽可能就地取材，减少材料在运输过程中的能源消耗和污染
原建材料的利用	提高旧建筑材料的利用率
采用室内环保材料	严格控制室内环境质量，争取有害物质"零排放"

部分构筑物材料在生产过程中需要矿产等资源，而随着城市建设的发展，矿产资源逐渐稀缺，持续性开采将会对生态环境造成不可修复的破坏。绿色环保理念强调需要减少资源的消耗，研发低碳环保型构筑物材料，可以在一定程度上减少生态原材料的开发利用，在生产构筑物材料的过程中也可使用其他材料来代替生态原材料。

例如在旧工业构筑物绿色重构过程中必须用到混凝土和水泥这两种材料，这两种材料在传统生产过程中需要使用大量矿石和水资源，且排放的污水对环境也有较大危害。生态水泥的研发很好地解决了此问题，生态水泥利用钢铁渣、火山灰、火山炭等固体废弃物进行生产，这种水泥的性能与传统水泥的性能相似，但在生产过程中却节省了较多的矿物资源。同时，与传统水泥的生产过程相比，生态水泥减少了 25% 的二氧化碳排放量和 40% 的能源消耗量，且这种水泥可融入生态环境中，进一步减少了污染。

5.4.3　能源技术应用

在绿色重构过程中除了降低旧工业构筑物对能源的需求，还要提高对可再生能源的利用效率。例如大连地区就通过对气候条件进行分析，对其丰富的太阳能资源及雨水资源进行利用，国内太阳能利用及水资源再利用这两项技术相对成熟，且都取得了很好的效果。

1. 太阳能利用

太阳能作为最常见的清洁可再生能源，应用领域广泛。 对于太阳能资源丰富且稳定的地区，其丰富的储量为绿色重构创造了有利条件。 目前根据太阳能在构筑物节能方面的应用可分为光热转换和光电转换两种形式。 将太阳能构件与旧工业构筑物进行一体化设计也成为旧工业构筑物再利用的新趋势。

1）光热转换

太阳能光热转换就是利用一定技术将太阳能转化为热能。 太阳能光热转换可分为直接利用和间接利用两种形式。 在旧工业构筑物绿色重构中主要采用直接利用的方式对太阳能进行光热转换，如太阳能热水系统、被动式太阳房设计等。 间接利用是利用太阳能制冷，目前这种技术还处于研究阶段，仅仅生产了几台转换样机，还不能作为一种成熟的技术来推广。

（1）太阳能热水系统

太阳能热水系统是最具代表性的光热转换利用形式。 最常见的太阳能热水系统就是放在建筑屋顶上的太阳能热水器，它们常常用于供应生活热水。 在旧工业构筑物绿色重构过程中，太阳能光热板需要架设在大的平台上来提供日常用水。 如在南海意库3号厂房的再利用中，屋顶采用近100平方米太阳能光热板，每天可提供400人就餐的热水和30人洗澡的热水。 由于日照的稳定性较差，所以晴天时大楼充分利用太阳能热水系统，雨天时采用辅助热源（地源热泵系统），保证全年稳定的热水提供。

（2）被动式太阳房设计

被动式太阳房由集热器和蓄热体组成。 集热器是太阳能的吸收装置，蓄热体是太阳能的储热装置。 按照集热形式可将被动式太阳房分为直接受益式、集热蓄热墙式及附加阳光间式三种形式，如表5-4所示。

表5-4　被动式太阳房的作用方式

类型	特点	要点
直接受益式	利用南向的大面积开窗接受太阳能辐射。 射入的阳光被室内墙壁、地板及其他储热物体吸收，从而提高室内空气温度	这种做法热效率高，但是室温波动会很大。 因此适用于只在白天利用的房间，如教室、办公室等
集热蓄热墙式	集热蓄热墙式需要在外墙和玻璃外罩之间形成空气间层，通过墙体的蓄热效果给室内供热	这种做法可以调整蓄热墙的面积，满足不同房间的蓄热要求
附加阳光间式	在集热蓄热墙式基础上发展而来的，也是在南向加建玻璃间层，与集热蓄热墙形式相比，玻璃和墙体的间层会更为宽阔	设计时需要在玻璃墙与阳光间作用的墙体上分别开设排气口，这样才能有效地改善室内温度

2）光电转换

太阳能光电转换系统利用太阳能电池储存白天太阳能转化的电能，晚上利用放电控制器释放电能，供夜间照明和其他用途。目前，南海意库 3 号厂房再利用成为国内旧工业构筑物绿色重构中光电功率最高、作用面积最大的示范项目。它采用 365 平方米单晶硅太阳能光伏板，有效使用率按 80％计算，年发电量可达到 4 万度。但是太阳能光伏系统有着投资过高（6 万元/千瓦）、回收期长（静态回收期 50 年）、光电转化效率较低（15％左右）等缺点，这使得其在建筑设计中没有被广泛推广使用。

3）太阳能构件与旧工业构筑物一体化设计

如今，太阳能系统在旧工业构筑物绿色重构中的应用越来越广泛。将太阳能构件与旧工业构筑物整体进行一体化设计，不但能够为旧工业构筑物提供部分能量，还可对旧工业构筑物的外观产生巨大影响。在众多的太阳能构件中，太阳能光伏板与旧工业构筑物一体化设计结合得最密切，一般包括屋面一体化设计、墙面一体化设计及构件一体化设计等，如表 5-5 所示。

表 5-5　太阳能光伏板与旧工业构筑物一体化设计方式

类型	特点
屋面一体化（平屋面）	光伏构件以倾斜的方式接收太阳能，布置的自由度和灵活性大，但是和旧工业构筑物融合度不高，对于提升整体美感效果不明显
屋面一体化（坡屋面）	光伏构件负责发电，原屋面负责防水，两者互不干预，相互独立，特别适用于旧工业构筑物改造、加建项目
墙面一体化	多个光伏板可以组成光伏幕墙，形成旧工业构筑物立面构成元素，不透明的光伏板与透明玻璃的配合形式也是高层办公楼常常采用的节能手段
构件一体化	光伏板作为旧工业构筑物的外遮阳构件，既可发电，又能达到遮阳的效果，但是设计时要避免上下板材互相遮挡，影响遮阳效果，而且安装时要保证牢固性

太阳能光伏电池被赋予与传统旧工业构筑物材料相同的纹理、质感，是相对于色彩、形状而言更进一步的融合，能够更好地"隐身"于构筑物中。图 5-29（a）和图 5-29（b）为尺寸 1000 毫米×2000 毫米的单晶硅仿砖和仿石材光伏墙板，纳米光学膜覆盖在单晶硅电池板上，承担模仿纹理及质感、隐藏电池的美学功能和透过足够太阳光发电的功能；钢化玻璃封装单晶硅电池和纳米光学膜，满足墙板高强度、耐腐蚀等功能需求。

图 5-29（c）是尺寸为 600 毫米×1200 毫米的碲化镉薄膜仿大理石光伏墙板，多彩的光伏薄膜与图案镀膜共同形成了仿石材的质感和纹理，封装的玻璃、不锈钢等

图 5-29　仿砖石光伏

（a）单晶硅仿砖；（b）仿石材光伏墙板；（c）仿大理石光伏墙板；（d）光伏墙板立面

材料则承担建筑材料的相应功能。 图 5-29（d）是光伏墙板立面，完全隐蔽了单晶硅太阳能电池板，呈现出传统青砖的美学特征。

2. 水资源再利用

在旧工业构筑物绿色重构中对水资源再利用也成为业界热议的话题。 对水资源再利用的方式可分为雨水利用和中水利用两种方式。

1）雨水利用

雨水利用是指将降落到建筑屋顶、广场、道路等区域的雨水经管道系统收集起来，然后通过过滤、净化之后进行再利用。 收集的雨水可用于绿化、日常生活等，能够大大减少对于淡水资源的依赖，在节约和保护水资源方面起着重要作用。 目前，常用的雨水收集方式有屋面集水收集系统、屋顶花园集水系统、地面渗透集水系统及渗透铺装集水系统。

2）中水利用

中水系统是指民用建筑使用后的各种排水（冷却排水、沐浴排水、盥洗排水、洗衣排水、厨房排水等）经适当处理后回收作为建筑杂用水的供水系统。 中水系统应与给排水系统紧密地结合在一起，管线设计应以简单方便为主。 设计时中水系统必须独立设置，严禁将中水引入生活用水的给水系统，并且中水管壁上一般不设置水龙头。 如果需要设置水龙头，应采取严格的防护措施。

5.5　细 节 处 理

旧工业构筑物是一个有机的整体，只有做到局部与整体有机结合，才能具有更强的表现力。 虽然旧工业构筑物细部与构筑物的宏观形态之间是部分与整体的关系，但是两者演变肌理之间的关系并非同步发展的。 细部的演变肌理同时受到功能、技术、艺术和地区文化等因素的共同作用。 随着时代的发展和人们对旧工业构筑物丰富内涵的理解，对旧工业构筑物绿色重构设计的细节要求也会越来越高。

5.5.1　入口处理

入口承担着门面功能，总体形象极为重要，是人们对构筑物产生的第一印象。 使用者往往会留意该入口与旧工业构筑物总体比例是否协调合理。 因此，考虑旧工业构筑物绿色重构时的入口设计对塑造整体形象非常重要。 不同类型的建筑，其入口设计存在较大的差别，可结合构筑物本身的文化特质和新植入的功能进行统筹考虑。 江苏园博园时仓美术馆的前身是一个水泥筒仓，建筑师依据"时间"的特点，设计出一条展示的空间流线，并根据筒仓内部空间的展示属性进行再利用，使其能够承载文化展览的功能，其入口的处理呈现出抽象的时空引导效果，如图 5-30 所示。

 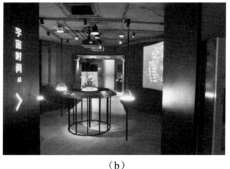

（a）　　　　　　　　　　　　　　（b）

图 5-30　江苏园博园时仓美术馆

（a）主入口；（b）时间展厅入口

5.5.2　色彩对比

色彩可以呈现出构筑物的形象语言，体现出时代的气息。 外墙的色彩是构筑物的面容，颜色和质地都能带来视觉上的重量感和冲击力。 早期在对旧工业构筑物进行改造时，设计者对旧工业构筑物的元素考虑得比较多，而对周边空间及环境的考虑则比较少；注重满足生产要素的设计倾向，对人文的考量较欠缺，造成了旧工业构筑物色彩单调、缺乏活力和可识别度低的现象。 绿色重构中有必要进行色彩的再设计，使旧工业构筑物能满足新的功能需求。

① 沿用原构筑物整体的颜色基调，加入一些透明、轻盈的材质使新旧部分共融，并以新元素作为过渡色或者选择近似色的构件补充功能，达到保持旧工业构筑物原有风格特征的目的。如图 5-31 所示，首钢园内改造后的旧工业构筑物整体仍沿用黑白灰为主色调，并引入玻璃材料作为过渡来反射新旧部分元素及形态。其余部分则保持旧工业厂房的历史原貌，以此引发人们对场所精神的真实感悟。如图 5-32 所示，在整体以锈红色为主的旧工业构筑物中增加橙色的构件进行点缀，既有层次变化，又满足新的使用需求。

② 使用与原构筑物色调有巨大反差的色彩形成对比、冲突，给人制造强烈的视觉冲击。设计者可以根据新功能的需要和审美进行色彩的再创作。新旧色彩的碰撞让旧工业构筑物成为视觉的焦点，在呼应场所精神的同时赋予旧工业构筑物新的时代特征。美国亚特兰大的艺术家 Hense 在粮仓上进行了大型涂鸦。因为场地的背景是褐色大地，所以 Hense 采用了色彩明度非常高的色彩，最后打造了荒漠中的视觉盛宴，如图 5-33 所示。

图 5-31　沿用原构筑物整体颜色基调

图 5-32　选择近似色的构件补充功能

图 5-33　采用反差色进行对比

5.5.3 细部景观

细部景观指最能体现旧工业构筑物产业特征并与工业生产相关的元素,包括旧工业构筑物的结构构件、工业设备、管道管线、运输工具以及生产时的标语口号,甚至被时代淘汰的工业半成品等。工业元素具有典型的时代性和产业性特征,对于有历史价值或特色的工业元素进行再利用,能使其在新场所中焕发新的活力,产生意想不到的效果。细部景观通常有以下几种常见的绿色重构手法。

1. 工业构件的展示

绿色重构应尽量保持原有构筑物的风格特征、建造方式、生产场景、工业设备和工业信息等,如铁锈、红砖、设备等都是过去遗留下来的痕迹,通过展示这些痕迹可以突出旧工业构筑物的时空结合,传承工业文明。

荷兰的筒仓餐厅是由一座建于 1923 年的独特的筒仓建筑改造而成的。设计师采用新技术和新材料来创造全新的体验空间,但尽量保留原有的工业生产特色,并尽量还原仓储建筑的内部历史和场景记忆,通过场景重塑的方式来完成历史记忆的延续,如图 5-34 所示。

(a)　　　　　　　　　　　　　　(b)

图 5-34　荷兰的筒仓餐厅

(a)漏斗;(b)承重结构

由柳州第三棉纺织厂和苎麻厂重构而成的柳州工业博物馆将原相关设备进行保留，结合周边植被绿色重构为景观小品，丰富观览体验，如图 5-35 所示。

图 5-35　柳州工业博物馆景观小品

2. 工业符号

对场地的非物质记忆要素进行解构和分析，提炼出有时代和地域特点的图像与文化符号，包括代表企业品牌的 logo、工业建设时期的标语口号等，这些非物质工业元素符号无声地再现了特定时期工业生产热火朝天的情景，加深了人们与绿色重构后的旧工业构筑物空间的交流互动，增强了参观者的认同感。

上海的云间粮仓坐落在素有"上海祖先繁衍之地、历史文化源头"之称的松江地区，这里有着丰富的历史和文化，流传着许多动人的故事与传说。南门粮库于 1950 年建成，此后又相继诞生了大米厂、面粉厂、饲料厂等工厂，这些都是新中国建立以后松江地区粮食业发展演变的缩影，凝聚了几代人的努力。筒仓的再利用是将伴随工业发展的粮食文化提炼和转译，绘成一幅漂亮的《稻田守望者》涂鸦——4 位宇航员在稻田中一边行走，一边仰望星空，寓意松江大米是航天事业的育种，将粮仓的历史故事娓娓道来，如图 5-36 所示。

3. 装饰元素的应用

将旧工业构筑物中能体现工业风格的构件、线脚等工业元素转变为新空间中的装饰或背景的手法，一方面表达了原有构筑物的工业属性，另一方面又与新的空间构成相互融合、相互统一的整体，巧妙地发挥了工业元素的新功能，极大地提高了旧工业构筑物的品质，丰富了旧工业构筑物的内部空间。

上海城市雕塑艺术中心将一根一端搭接在屋顶桁架、另一端落地的圆柱体刻画

图 5-36 《稻田的守望者》涂鸦

成"秤"的形象,如图 5-37 所示,不禁让人联想到"天地之间有杆秤"的字句,同时也反映了展览馆促进人们对生活进行思考的艺术。

滨海热电一期工程去工业化改造项目包括两座冷却塔,每座塔高 115 米。改造后的塔身上绘有卡通树形图案,象征电厂是整个蓝印小镇的能源之树,显示出从电厂这个"树干"向周边企业这些"树叶"源源不断地输送能量,如图 5-38 所示。

图 5-37 "秤"的装饰构件

图 5-38 卡通树形涂鸦

第二篇

旧工业构筑物绿色重构
规划设计

深圳大成面粉厂筒仓项目

6.1 项目背景

6.1.1 项目区位

大成面粉厂坐落在深圳市蛇口太子湾片区,太子湾处于粤港澳大湾区的西向发展轴线上,是前海蛇口自贸片区未来发展的中心和深圳发展中国特色社会主义的先导区,该项目也是提高深圳城市空间价值的实践案例。 大成面粉厂距深圳市中心17.5千米,距深圳南山区7千米,距香港35千米,距中山市31千米,地理位置优越,发展前景良好。 大成面粉厂位于太子湾片区东北角,东至邮轮大道,西至沁海路,南邻码头,北邻港湾大道。 场地周边交通便捷,有城市主路、普通道路,还有地铁5号线经过,如图6-1所示,可满足各类人群的出行需求。

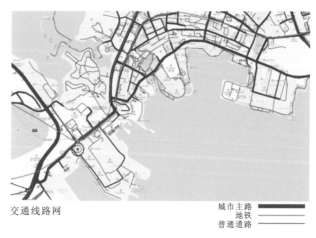

图 6-1 大成面粉厂区位

6.1.2 历史文化资源

大成面粉厂承载着深圳人的历史记忆,其最早成立于1980年,1990年被台湾的大成食品集团收购,成立大成食品(蛇口)公司,开始生产各种烘焙专用高级面粉,创出面粉行业的名牌——外销的"大成"牌与内销的"铁人牌",行销香港和珠三角等地区。 2010年,大成面粉厂随着蛇口的产业升级转型而结束运营,光景从此不再,但遗留的建筑似乎还在奋力讲述着往昔的故事。

6.1.3 经济发展优势

蛇口首先响应改革开放,中国从此出发,走上了民族复兴、国家富强之路。 深圳随之培育了以招商银行、平安保险、中集集团、招商地产等为代表的蛇口基因。 如今,城市发展的镁光灯再次聚焦蛇口。 经济特区、自贸区、半岛湾区三区价值的持续叠加,令蛇口迈向世界级城市规划的脚步更加坚定。 伴随着自贸区设立、"一带一路"国家战略支点地位的确定、太子湾邮轮母港开埠,国家从此再出发。

6.1.4 地理位置优势

太子湾片区作为一个交通的接驳中心,拥有海、陆、空、轨四维立体交通,是港珠澳深的中心,也是战略枢纽,并且紧邻世界最大的机场群、港口群,资源集中,高效商务得以在此实现。 未来的太子湾地铁站、地面步行街、慢行系统、连接邮轮码头到微波山的二层连廊等,这些线路不仅为在湾区办公的商务人士提供了便捷的交通,提高了办公效率,更重要的是带来了丰富的空间感受。 每一位商务人士都将感受到建筑之间适宜的尺度带来的温柔港湾。

6.1.5 工业遗产优势

随着时间的推移和历史的沉淀,工业遗产越来越具有"化石标本"的意义,逐渐成为工业发达国家历史文化遗产的一部分。 工业遗产作为人类文明和城市发展的见证,与那些古代的宫殿、城池和庙宇一样,成为承载人类历史的重要媒介和人类历史遗留的文化景观。 如图6-2、图6-3所示,大成面粉厂于2010年随着蛇口的产业升级转型而结束运营,随后被选为"2015深港城市/建筑双城双年展"主展场,大成面粉厂被激活重生。

图6-2 大成面粉厂筒仓旧貌

图6-3 大成面粉厂区域旧貌

6.2 现　状　梳　理

6.2.1 项目介绍

大成面粉厂成立于 1980 年，1990 年被台湾的大成食品集团收购，成立大成食品（蛇口）公司，开始生产各种烘焙专用高级面粉，创出我国面粉行业的名牌——外销的"大成"牌与内销的"铁人牌"，行销香港和珠三角等地区。大成面粉厂厂区位于太子湾片区东北角，港湾大道以南，用地面积共计 1.94 公顷，结构形式主要为钢筋混凝土筒体、框架，结构坚固，屋顶形式为平屋顶，且大部分建筑处于闲置状态。

6.2.2 上位规划

深圳市按照以人为核心的新型城镇化理念，统筹规划、建设、管理和生产、生活、生态等各个方面，构建适应高质量发展要求的国土空间布局和支撑体系，强化城市承载力、吸引力、竞争力和可持续发展能力，探索高密度超大城市高质量发展路径，实施"东进、西协、南联、北拓、中优"战略，优化"多中心、网络化、组团式、生态型"空间结构。

太子湾片区规划总建筑面积约 170 公顷，以 22 万吨级邮轮母港为依托，同时涵盖商业、办公、商务公寓、住宅、酒店、仓库、文化艺术中心、国际学校、国际医院、交通核心枢纽等多元业态。该项目的使命是打造中国的滨海门户与世界客厅。

太子湾片区规划目标为深化"三坊一城"，打造滨海花园城市空间，"三坊"指居住坊、商业坊、邮轮坊。整个太子湾片区大概有 29 个地块，分为不同的功能业态，包括商业、办公、居住等，如图 6-4 所示。

由此可知，项目定位与区域发展规划及深圳市总体发展规划一致，可依托工业遗址的文化基础，结合区域资源，为城市打造一个新型文化休闲区。

6.2.3 现状条件

项目范围包括现有大成面粉厂、8 号仓库缓冲装卸平台等建（构）筑物，其中大成面粉厂包括贮仓、磨机楼、仓库及写字楼等。贮仓占地面积 1080 平方米，包括连体筒仓群和矩塔两部分，筒仓高度 40 米，矩塔高度 48.7 米；磨机楼有 6 层，建筑面积约 2700 平方米；仓库及写字楼建筑面积约 2700 平方米。现状总建筑面积约 11000 平方米。现状情况如图 6-5 所示。

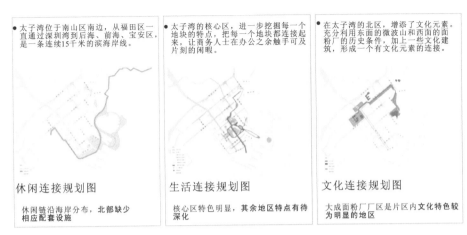

太子湾位于南山区南边，从福田区一直通过深圳湾到后海、前海、宝安区，是一条连续15千米的滨海岸线。

休闲连接规划图

休闲链沿海岸分布，北部缺少相应配套设施

太子湾的核心区，进一步挖掘每一个地块的特点，把每一个地块都连接起来，让商务人士在办公之余触手可及片刻的闲暇。

生活连接规划图

核心区特色明显，其余地区特点有待深化

在太子湾的北区，增添了文化元素。充分利用东面的微波山和西面的面粉厂的历史条件，加上一些文化建筑，形成一个有文化元素的连接。

文化连接规划图

大成面粉厂厂区是片区内文化特色较为明显的地区

图 6-4　太子湾片区规划分析

图 6-5　规划地块现状情况

6.2.4　现状问题

整个厂区内长期无人使用以及自然环境损坏，导致厂区内环境较差、品质低下。厂区入口处常年关闭，与外部的空间交流完全断裂，这就给工业遗产带来价值不高的客观印象，并且厂区内路面不平、凹陷的情况多有存在，十分影响工业遗产的形象与品质。作为深圳市十大工业遗产之一，筒仓无疑是大成面粉厂最有工业价值的构筑物，其独特的建筑造型和结构形式都是现代建筑中不常见的。筒仓在经历过"2015 深港城市/建筑双城双年展"改造后目前处于荒废状态，结构保存完好，底层空间矮小且有柱体支撑。筒仓上部用混凝土承重，壁厚 260 毫米，顶部有局部采光天井和矩形运输空间，西侧有垂直交通空间，建筑外部工业感十分浓厚，文化遗产利用价值非常高。

6.3　规　划　设　计

6.3.1　规划目标

项目原址为大成面粉厂，厂区本身具有独特的工业风格和历史气息，散发着刚劲有力的气质和顽强拼搏的精神。通过引入铁人精神文化和休闲娱乐等功能，赋予厂区独特的氛围，旨在打造一处休闲时尚的体验高地。大成面粉厂以旧厂区沧桑厚重的工业遗产为基础，以铁人精神文化和休闲娱乐为引导，以开放的姿态和大众消费的形式来提高生活品质。在铁人精神文化方面，通过设置工业展厅、博物馆等功能空间，使人们了解大成面粉厂的发展历程、流程工艺，在观赏与交流之间加深对大成面粉厂的认识与了解。在休闲娱乐方面，通过设置餐厅、图书阅览室以及部分开放办公空间，使建筑功能更加多元化，加强建筑与人的互动性。以历史文脉为经、滨海生活为纬，为蛇口太子湾片区注入新的活力。

6.3.2　规划策略

规划旨在打造城市会客厅和创意产业园，限制性地植入数种产业，丰富片区商业结构，借助合理化运营为片区提供相应的公共服务设施，促进片区交流并改善人文环境。具体规划策略：植入活力产业、提供公共服务设施、打造交往空间、改善环境质量和打造片区标志等。

6.3.3　规划方案

大成面粉厂改造概念设计项目以大成面粉厂、8 号仓库缓冲装卸平台等建（构）筑物为建设基础，运用场所感、空间感和共享性打造氛围感佳、体验感强的片区标志，在新旧、上下、远近方面打造独属于大成面粉厂的工业氛围，并且绿色重构遗留下的工业遗产，使大成面粉厂重新登上历史舞台，焕发新生。同时，为厂区内注入新的功能元素，并充分利用厂区自身资源优势，结合外界需求，形成新的使用价值，为太子湾片区的规划与发展注入新的活力。 规划地块现状总平面图如图 6-6 所示。

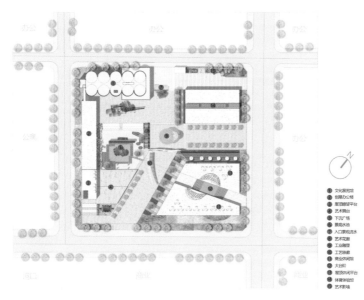

图 6-6 规划地块现状总平面图

在功能业态方面，在场地内设计文化剧场、创意办公空间、屋顶休闲平台、景观平台等，旨在打造兼具怀旧气息与时尚气息的艺术氛围，打造多功能、有温度、有灵魂的共享式休闲空间，如图 6-7 所示。 在游览路线规划方面，通过对路径进行上升、下降处理，并在主路上设置多条次级支路，给游客以充分感受丰富变化的行走体验，并设置景观小品引导人流走向，使空间开合有度，如图 6-8 所示。

图 6-7 规划地块功能业态

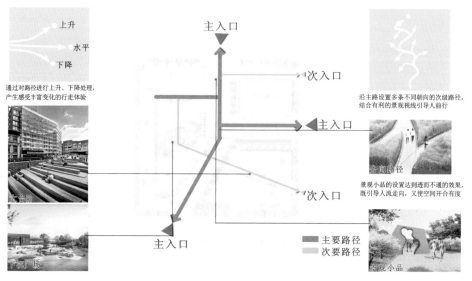

图6-8 规划地块游览路径

6.4 构筑物设计

大成面粉厂内筒仓类工业遗产再利用设计依托建筑原本的文化价值，根据对太子湾片区内人群活动行为与实际需求进行具体分析，对筒仓的功能模式、场所记忆、生产路径、既有结构、空间形态和场地景观分别进行再利用设计，最终实现传播工业建筑保护与再创造理念的目的。 将盒子上空的4个筒仓进行半穿顶式掏空，营造筒仓结构的展示作用，如图6-9所示。 大成面粉厂筒仓是太子湾片区中最具震撼力的工业遗产，按照著名艺术史学家阿罗伊斯·李格尔的分类法，它属于"非有意创造的纪念物"。 对待工业遗产，"更新"的观念与"原真性"保护修缮理念似乎永远存在某种矛盾，找到恰当的用途应当成为工业建筑改造一个非常重要的前置性条件。 以艺术展览为主要功能的城市公共文化空间是为筒仓寻找的非常适合的用途，能最大限度地契合现有筒仓建筑相对封闭的空间状态。

6.4.1 文化功能植入

大成面粉厂筒仓重构设计项目致力于打造城市级的艺术展览中心，满足深圳市

图 6-9 大成面粉厂筒仓旧工业构筑物重构设计效果图

的文化展览活动需求，让各种群体都能够参与文化创意活动中。 方案的主要功能构成可分为 7 个部分，即文化活动、艺术展览、图书阅览、餐饮、多功能演艺、综合服务、公共交通及配套设施，如图 6-10 所示。 绿色重构后的筒仓利用旧构筑物空间营造具有工业文化特色的展览与商业空间，让更多的人能够身临其境地体验工业文明。 新建部分位于筒仓东侧，在三层和四层外插入艺术盒子，对东侧的 4 个筒仓进行包装，透明的玻璃将筒仓作为艺术品放在"礼盒"中，同时也是艺术展览的序厅空间；礼盒的上部进行腔体结构挖空，主要目的是体现筒仓内部结构，从大尺度的角度直接展示筒仓类工业遗产的结构之美。

对于原有构筑物的功能重构，是将一层空间开放设置成临时展厅和艺术展览中心的门厅，如图 6-11 所示；二层空间由于原筒仓漏斗的存在而无法设置人为活动空间，于是改造为仓储空间；中间的 2 个筒仓作为垂直交通空间和多媒体展厅，如图 6-12 所示。 西侧的 4 个筒仓在不同楼层中做垂直分隔和水平分隔，形成丰富的展览空间；东侧的筒仓作为咖啡吧、书店和艺术品商店等公共交流场所；顶层筒壁延伸部分形成新的餐厅功能；西侧的矩形塔改造为货物运输及消防逃生通道。

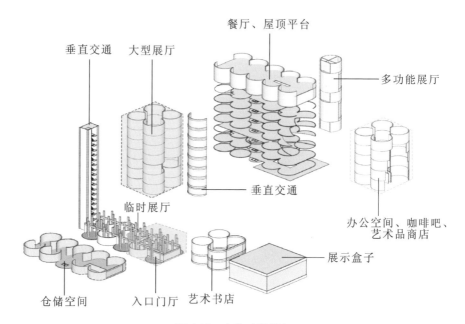

图 6-10　文化功能植入

图 6-11　艺术品商店

图 6-12　多媒体展厅

6.4.2　生产路径组织

生产路径最能直观地体现产品制造过程的整体逻辑，其中运输路线就是传统意义上的交通流线，而交通流线能表达那个时代工业生产的工艺逻辑。大成面粉厂筒仓重构设计项目将原来的筒仓仓储流程进行改造，该流程包括进仓工艺、出仓工艺、倒仓工艺、粮食直取、清仓工艺等。改造后的展览艺术中心则是以参展空间为流线引导逻辑，这两条交通流线反映了人与物质运动的区别，物质的流线相对单一且固定，人的流线更为复杂且多变，创造物质生产路径和游客参展路径的历史空间互动是设计的独特之处，能够从另一个角度反映工业建筑的流动特性，如图6-13所示。

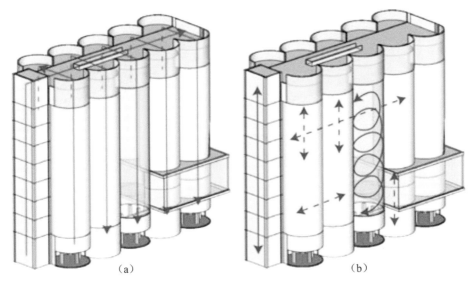

（a）　　　　　　　　　　　　　　　　　　（b）

图 6-13　生产路径组织

（a）原有路径；（b）新建路径

6.4.3　既有结构改造

首先对大成面粉厂筒仓结构进行检测加固，长时间的物料储存会导致筒仓内壁的磨损，在长时间的气候和地质条件影响下，筒仓结构会产生裂缝、钢筋暴露、钢筋生锈和保护层脱落等问题。对破坏部位进行清洁灌浆处理，提高结构内部强度和外部美观度；对钢筋暴露的部位进行除锈补焊，保证钢筋的强度；对结构构件进行材料外包加固，例如采用外包钢或者喷射高强度灌浆料等方式。

对于结构体系的改造，需要充分考虑再利用的功能需求和空间尺度。针对城市艺术展览中心的功能及空间需求，采取水平结构拓展的方式在筒仓东侧插入"玻璃盒子"，并且以竖向结构拓展的方式将筒仓壁进行上延和体量虚化，在强调筒仓体量的同时加强餐厅空间与滨海景观的互动。对于筒仓结构的暴露部分，需要采取切分开洞的方式将东侧4个筒仓打开，这样不仅可获得筒仓内壁与广场的视线交流，如图6-14所示，同时可以将单独的筒仓进行融合，但缺点是施工难度较大。

6.4.4　空间形态置换

大成面粉厂筒仓内部空间的置换方式包含水平分隔、垂直分隔、腔体植入和部

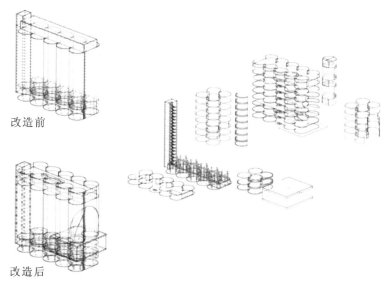

改造前

改造后

图6-14　既有结构改造

分外延等。考虑到筒仓高度为40米，为使其再利用后便于人们使用，在垂直方向上进行分隔以提升空间使用效率。将筒仓空间划分为十层，一层为建筑的主要门厅和对外开放的临时展厅；二层由于空间尺度较小，只能作为展品的仓储空间；三层是序厅和小型独立展厅；四至九层包含不同通高的大型展厅和一个独立报告厅，以及书店、艺术品商店和开敞办公空间；顶层为餐厅，供人就餐观景，屋顶活动平台可进行交流活动，如图6-15所示。

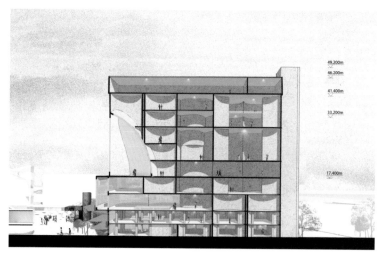

图6-15　空间形态置换

在每层中分别按照大小型展厅的空间序列需求进行墙体的水平分隔，隔出不同的曲面空间以满足不同展品的布置需求；东侧腔体的植入不仅增加了建筑室内外交流空间，同时将筒仓内壁结构展示给整个场所；艺术盒子的设计便是部分外延的体现，体块的延伸既是体块逻辑的变化，也是结构体系的拓展，为筒仓建筑体量增添了些许新鲜感。

6.4.5 场地景观重塑

筒仓生产期间产生的粉尘对周边环境及地质表层造成了一定的影响，为了保证重构后的筒仓不受周边环境的侵蚀，需要设计出一个安全开敞的场所空间，并对筒仓场地 10 米内的地面进行平整及绿化，逐渐恢复周边的生态环境，在极具雕塑感的筒仓和极具景观感的港口之间设置视线通廊，同时在场地中引入讲演场所，以工业遗产为背景面朝城市，最大限度地向公众展示工业文明，如图 6-16 所示。同时对筒仓进行景观设计，考虑到夜间观赏和周边场地活动的需求，规划用灯光照明设计的方式进行标志性塑造，以凸显筒仓的外形轮廓和大成面粉厂的夜景。高功率的射灯从上方照射下来，将柱子表皮照亮，如图 6-17 所示，所产生的光影完美契合了城市艺术展览中心的艺术气息，用简单的照明点燃了历史的回忆，唤醒了场地的工业记忆与共鸣。

图 6-16　筒仓的场地设计

图 6-17　筒仓照明设备设计

7

唐山启新水泥厂冷却塔项目

7.1 项 目 背 景

7.1.1 城市区位

唐山市位于河北省东部,北依燕山,南邻渤海,地处渤海湾中心地带。 唐山市在环渤海经济圈中能否科学合理定位,关系到今后发展的方向与前途,也关系到环渤海经济圈之间能否顺利实现产业对接和区域间的合理分工与协作。 在当前环渤海经济圈发展的大格局中,唐山作为环渤海地区重要的增长极和京津冀都市圈的战略支点,面临着前所未有的发展潜力和发展机遇,也承受着周边地区竞相发展带来的巨大压力和自身发展的困境。

7.1.2 城市文化资源

唐山因唐太宗李世民东征高句丽驻跸而得名,是中国近代工业的摇篮,工业基础雄厚,素有"北方瓷都"之称。 这里诞生了中国第一座机械化采煤矿井、第一条标准轨距铁路、第一台蒸汽机车、第一桶机制水泥,孕育了丰厚的工业文明。 唐山是中国评剧的发源地,素有"冀东三支花"之称的皮影、评剧、乐亭大鼓享誉全国,为国家级非物质文化遗产。

7.1.3 项目区位

项目基地位置邻陡河水系,近大城山城市公园、凤凰山城市公园,是重要的生态节点,如图 7-1 所示。 基地邻 1889 文化创意园、唐山钢铁厂、启新水泥工业旅游区,有工业文化底蕴,周边居住区较多,并位于城市主要生活性干道,人群潜力较大。 但基地周边交通通达性差、工业遗产利用难度大、依托文化创意园使用效果差。 如图 7-2 所示,基地也是区域生态格局、工业文化、居民生活圈的重要节点。

7.1.4 冷却塔现状

冷却塔建筑本体完整、造型独特,如图 7-3 所示;如图 7-4 所示,冷却塔中风场强、向上视觉冲击力强,有鸟类聚集;冷却塔内部空间简单、墙体单薄、建筑构件多,如图 7-5 所示;建筑所处地块与周边相对割裂,未能突出其邻河优势,建筑周边活动人群以老年人、儿童为主。

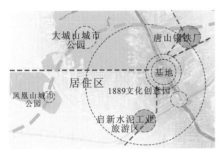

图7-1 项目基地区位

图7-2 项目基地鸟瞰

图7-3 场地现状

图7-4 立面现状

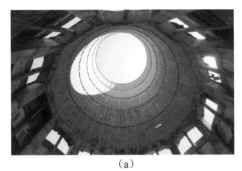

（a）

（b）

图7-5 冷却塔内部

（a）内部场景一；（b）内部场景二

7.2 规 划 设 计

规划设计方案以冷却塔为核心，为其融入周边环境进行了场地设计，包括提升滨河活力的滨河绿道，为市民活动提供的健身广场、喷泉戏水广场、观江草坪公园、嵌入式广场、1889 站台等。 通过连廊系统，提升连接度，解决铁路、公路对场地的分割问题。 同时，增加场地的空间层次性，为满足市民观景需求提供多角度、多层次的观景点。 在场地设计上旨在为居民提供一个放松的自然空间。 在规划中设计了丰富的功能，可分为五大种类——启新生态塔、健康生态绿道、生态观光码头、工业文化长廊、滨河生态公园，如图 7-6 所示。 考虑唐山在未来将成为一个绿色、健康、宜居的城市，地块为居民提供了多种多样的生活活动，如休闲活动、展览活动、艺术活动、周末野餐、科技展览、表演、骑行、餐饮等。

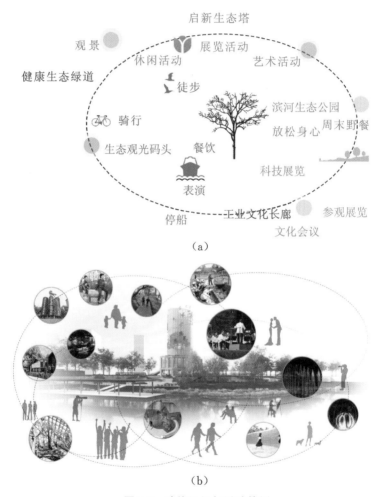

图 7-6　功能组织与活动策划

（a）功能组织；（b）活动策划

7.3 构筑物设计

综合分析各类因素，规划选择以生态共享为设计理念进行冷却塔建筑的重构。并在此基础上，对冷却塔周边场地进行优化设计，形成生态宜人、文化丰富的共享空间。 在重构时对场地进行生态环境塑造，引入生态元素，对于植物而言，它生存地点周围空间的一切因素，包括气候、土壤、水、地形、日照、生物（动物、植物、微生物）等，共同构成生长环境。 在同一气候条件下，植物的种植类型、群落组织以及生长演替形成的特征，受到上述各种生态因子主要或次要、有利或有害的作用，会随着时间和空间的不同而发生变化。 这些生态因子统称生态环境，简称"生境"。 植物作为环境建造和配置的要素，由于视觉欣赏和空间建造的需要，在设计中受不同的审美秩序作用，其生态特征正远离人们日常生活和审美价值趋向，整齐干净、绿色清新并且稳定不变的形象渐渐成为人们对植物自然性的想象。

如图 7-7 所示，在冷却塔建筑重构设计中，"生境营造"是指通过人为实体空间设计，如地形塑造，水文条件、道路、建筑与构筑物及其他设施的设计，改变植物生长的水、光、热、养分等生态因子，为植物及群落生长演替创造环境条件，营造展示自然内在秩序的空间组织，为物种提供适宜的生长演替空间。 通过人工生境空间营造，创造具有视觉审美价值和生态意义的活动场所。

7.3.1 方案推导

在冷却塔建筑重构中，对于外部滨水景观采用"垂直森林"策略。 森林被誉为"地球之肺"，它具有丰富的物种、复杂的结构、多样的功能，是地球生态系统的重要组成部分。 启新水泥厂冷却塔用物理方式使热水从高处落下，通过在此过程中散发热量而达到冷却的目的，与森林系统自上而下的层次承担不同作用的方式相同。如图 7-8 所示，规划将硬质空间改造为绿地，对岸线进行生态化处理，运用多种多样的植物打造立体多尺度的观景空间。

在建筑物层面上，将森林生态系统进行剖面切割，三维立体的森林生态系统二维平面化，此时森林生态系统中垂直方向上的要素一一呈现，自上而下分别是乔木、藤蔓、灌木、草本、土壤。 将切割后的剖面进行卷曲，得到的形态为冷却塔的圆柱状，如图 7-9 所示。

生态廊架

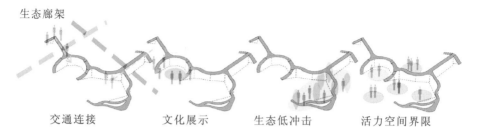

交通连接　　　　　文化展示　　　　生态低冲击　　　活力空间界限

生态营造

建筑内外的能量互动　　　起伏地形为生物提供栖息场地

低洼地汇聚雨水　　　　提供人与自然共处空间

图 7-7　"生境营造"策略

图 7-8　冷却塔外部效果图

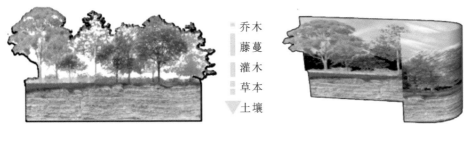

乔木
藤蔓
灌木
草本
土壤

剖面切割 ⟹ 剖面卷曲

图 7-9　生态系统切割图

而"垂直森林"的二维剖面卷曲呈冷却塔的圆柱状，将自然中的元素赋予到冷却塔上，得到动物、植物、水、人、生态、自然和谐相融的"生态启新塔"，如图 7-10 所示。

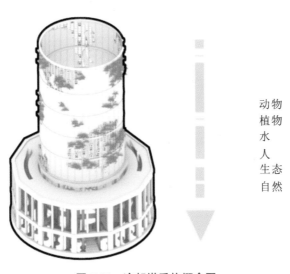

动物
植物
水
人
生态
自然

图 7-10　冷却塔重构概念图

7.3.2　主体构造重塑

冷却塔为点状构筑物，能在场地中营造出向心性的空间秩序，因此重构方案将保留冷却塔无围合墙体的现状，使各个方向的人群均能进入冷却塔，实现空间的流动共享。冷却塔内部保留原始的空间形态，顶部自然采光，光线可以通过镂空的筒壁和顶部的圆洞照射进冷却塔内，同时为了模仿和还原冷却塔往昔的工艺场景，设置了内部的水循环系统，通过光、风、水、植被共同营造出一个人与自然和谐共享的生态空间，如图 7-11 所示。 并且保留冷却塔原主体结构，不对其进行任何改动，将自然界植物图案赋予到冷却塔筒壁，主体支撑结构保持不变，将夹层中的非承重柱体材料更换为玻璃材质，柱子内放置植物种子模型，形成"垂直森林"中的根系森林，将地质中的土壤层析图案抽象化，并赋予到玻璃百叶中，"垂直森林"的基础将更加坚实。

图 7-11　剖视图效果图

7.3.3　共享设施植入

构筑物的内部重构打造为主题空间"水幕音乐厅"，如图 7-12 所示，设置水帘作为幕布投射图案，伸缩式的看台座椅使得空间内部的功能可根据需要转换，增加了更多的"共享"形式。 在入口处设置两个方向的螺旋楼梯到达屋顶，使地面空间向冷却塔底部"裙房"屋顶流动，营造屋顶花园，使空间达到垂直方向上的共享。由于冷却塔具有高耸的空间形态，重构方案除了在地表层引入城市人群共享空间，还在空中的筒壁层将鸟群引入冷却塔内，如图 7-13 所示，用在镂空的筒壁上种植藤蔓植物的形式使重构后的冷却塔空间实现生态共享。

图 7-12　水幕音乐厅　　　　　　　　　图 7-13　重构后的筒壁层

7.3.4　功能活力激活

在冷却塔重构中，以冷却塔为核心，规划为其融入周边环境进行了场地设计，如图 7-14 所示，包括滨河绿道、健身广场、喷泉戏水广场、连廊系统等，以达到增加场地空间层次性的目的。为满足市民观景需求，从多角度、多层次提供观景点，通过场地和构筑物"共享化"重构利用设计，为城市居民提供了多种功能的共享空间。

（a）　　　　　　　　　　　　　　（b）

图 7-14　场地设计

（a）观景走廊；（b）喷泉戏水广场

8

昆明871工业栈桥Ⅰ号项目

8.1 项目背景

8.1.1 城市区位

云南地处中国西南边陲，东部与贵州省、广西壮族自治区为邻，北部与四川省相连。西北部紧依西藏自治区，西部与缅甸接壤，南部和老挝、越南毗邻。地处东亚、东南亚和南亚接合部的云南，将在构建第三大陆桥中发挥重要的枢纽作用。云南的边境线较长，其省会昆明是亚洲5小时航空圈的中心，是南北方向国际大通道和东西方向第三条亚欧大陆桥的交汇点，和东盟、南亚7个国家相邻，紧靠"两湾"（东南方向的北部湾、西南方向的孟加拉湾），具有"东连黔桂通沿海，北经川渝进中原，南下越老达泰柬，西接缅甸连印巴"的独特区位。

8.1.2 城市文化资源

近年来，昆明市深入实施文化引领发展战略，全面提升历史文化名城的吸引力，把昆明历史文化名城底色越擦越亮。节假日各地游客在温暖和煦的阳光里，游览官渡古镇（图8-1）、云南省博物馆、云南陆军讲武堂历史博物馆（图8-2）等昆明市的"文化地标"，在城市古老与现代的时空中"穿梭"，细细品味着这座历史文化名城散发出的独特魅力，在金塔寺的辉映中，在官渡古镇里走街串巷，吃正宗的官渡粑粑，观赏国家非物质文化遗产乌铜走银的精湛技艺，取云子围棋就地博弈一盘。

图8-1　昆明官渡古镇

图8-2　云南陆军讲武堂历史博物馆

8.1.3　场地区位

场地位于云南省昆明市 871 文化创意工场内，建筑场地位于整个园区的东北角，在云南冶金昆明重工生产运作时期，这座建筑作为厂区内燃气站一直在履行职责。 在昆明重工工业厂区关闭停产后，经过统一的规划设计，燃气站将作为一个集餐饮休闲、展览娱乐为一体的综合休闲中心继续在厂区内发挥它的价值，如图 8-3 所示。

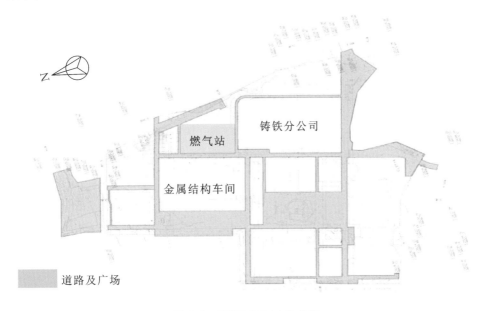

图 8-3　场地在园区中的位置

8.1.4　现状调研

根据现场调研，场地周边可达性较强，内部有两横两纵的道路，如图 8-4 所示。建筑原本为一栋燃气站旧工业构筑物，内部主体结构清晰，保留完好，二层楼板由于安装设备需要，在局部掏出 3 个圆形洞口。 整体建筑修改价值高，但立面破损严重，整体风貌需要修缮，如图 8-5 所示。

在场地利用方面，由于基地风貌破坏严重，结构亟待更新，整个场地处于荒废状态，但同时工业遗产构筑物保留较为完好，可进行合理的再利用，具体如表 8-1 所示。

内部道路

周边道路

图 8-4　场地周边道路通达性分析

凌乱草木　　　　废弃楼梯　　　工厂旧痕　　　保留结构　　　破败立面

图 8-5　建筑现状分析

表 8-1　工业栈桥 I 场地问题总结

现状	图示	备注
基地风貌破坏严重		构筑物废弃已久，院内杂草丛生，原本风貌早已荡然无存，周边工业遗痕已经被埋没，需要重新进行绿化设计，结合原有工业风格，设计出符合工业精神的外部绿化环境
结构需要再生		原有构筑物二层楼板因原来生产需要，在局部掏出 3 个洞口，在对其再利用设计过程中，要将其结构补齐，以满足改造后的使用要求。对其余结构进行修缮加固，以适应不同使用空间的需要。在其中增设垂直交通设施，满足人员疏散要求
空间重构利用		原有构筑物为满足生产需要，层高与空间尺度都特别大，不适宜作为民用建筑空间使用，因此进行空间改造是有必要的
构筑物再利用		基地内部有许多旧工业构筑物保留了下来，作为时代的印记，对这些旧工业构筑物必须进行合理的保护和适当的开发

8.2 规划设计

8.2.1 场地现状及人群需求

场地位于昆明 871 文化创意工厂之内，周边主要为工业区，主要面向人群为工人及居民。根据现场调研，周边场地现在处于荒废状态，需要对场地进行更新与活力恢复。经过场地分析发现了场地内的一系列问题，包括场地内风貌遗失、结构不明晰、空间不能满足民用建筑的使用要求，以及有保留的旧工业构筑物。本项目将利用燃气站和栈桥的交通构造，打造一个共享开放的空间，满足当前居民的需求，并且在文化记忆的保留和场地活力的激发上提供策略。

8.2.2 设计理念植入及阐释

本次设计以共享为主题，利用燃气站原有的大空间和栈桥的特殊交通构造植入许多新的功能，比如餐饮、会议、小吃、展览、办公等，通过加层的方式将空间利用率实现最大化。场地内利用原有地形高差以及工业遗产，以生态为主题布置了许多景观花园，达到室内外休闲空间的自由转换，如图 8-6 所示。

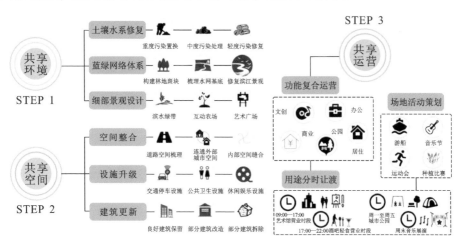

图 8-6 规划理念阐释

8.2.3 规划设计要点

在整体的规划设计上，充分尊重现状的工业遗迹以及栈桥的场地特点。利用现有的建筑、交通资源以及旧工业构筑物，塑造以工业文化为核心，餐饮、会议、小吃、办公等其他功能复合的共享空间。一方面，充分保留工业遗产的价值，尊重场地的文化内涵；另一方面，激发场地的活力，丰富功能场所来吸引人群，并完善公共服务设施为场地提质增能，如图8-7所示。

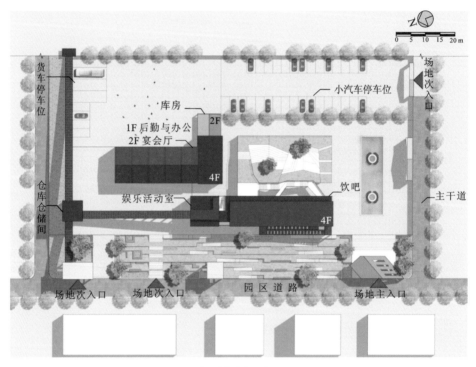

图8-7 场地规划设计总平面图

在场地功能设计方面，将公共活动场地布置在邻近道路一侧，可以保持对外联系紧密，引导人流；北部由于位置偏僻，因此适合布置一些消极空间，如停车场、杂物院。建筑功能布局遵循"分区明确，联系方便"的原则，如图8-8所示。

交通流线上以"便捷联系"为主，场地内的交通系统没有过多的曲折，但是对前导空间的处理着重进行了考虑。对于场地的人行主要流线用阶梯花园来营造前奏氛围，用环形车行流线包裹场地，如图8-9所示。

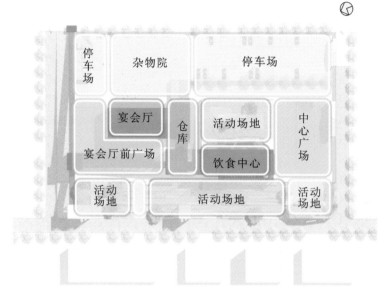

图8-8　场地功能分区图

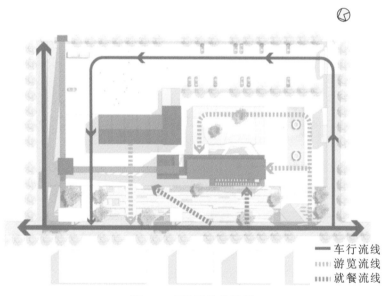

车行流线
游览流线
就餐流线

图8-9　场地道路分析图

　　对于场地内人群活力方面的考虑，针对以上人群进行分析，通过调研发现周边的儿童、青少年、老年人居多，如图8-10所示。此外，随着时间的推移，人群的交流机会逐渐增多，交流范围和活动范围越来越大，共享空间及场地活力则越来越小；随着时间的推移，场地内人群的交流机会逐渐变少，空间活力也会逐渐变小。调研显示，场地内主要人群的活动类型为玩耍、娱乐、运动、学习、健身、工作及社交等。 为了恢复场地的活力，在此地段植入一个集餐饮、会议、小吃、办公等功能为一体的共享空间，增加人群的交流机会，增大共享空间的面积，提高场地的活力，并植入良好的景观效果。

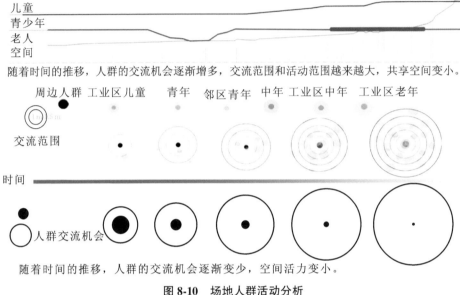

随着时间的推移，人群的交流机会逐渐增多，交流范围和活动范围越来越大，共享空间变小。

随着时间的推移，人群的交流机会逐渐变少，空间活力变小。

图 8-10 场地人群活动分析

对于整个场地来说，除了主体建筑，还设置了其他比较有特色的旧工业构筑物。 为了恢复工业遗产的文化性，在此基础上增设节点，并且在建筑周边布置多种类型的活动场地，比如戏水区、景观区、杂物院及停车场，如图 8-11 所示。 多种不同类型和功能的场地复合有助于吸引不同人群，进一步增加场地的文化内涵，并且能对场地内部活力进行提质。

图 8-11 场地鸟瞰效果图

8.3 构筑物设计

8.3.1 设计理念

由于场地风貌破坏较严重，工业结构保留不完整，整体空间需要进行重构利用，旧工业构筑物需要保留，以及对时代印记需要进行合理的保护和适当的开发，因此场地选择共享理念进行设计，共分为五层。通过交通优势以及景观视线的沟通，使得荒废的建筑场地转变为具有较高活力和趣味性的工业文化空间。通过植入外部构筑物以及廊道，丰富场地的设计手法。在体现工业精神的同时，增加了场地内部活动的多元化，促进现代与历史的交融，引发情感的共鸣。

8.3.2 平面设计

场地的垂直交通可通过室内空间及室外空间进行联系，而室外垂直交通有强烈导向性，因此将办公用房及辅助用房放在游客光顾较少的首层，如图 8-12 所示。将宴会厅置于有良好景观视野的二层，同时利于人群疏散，如图 8-13 所示。

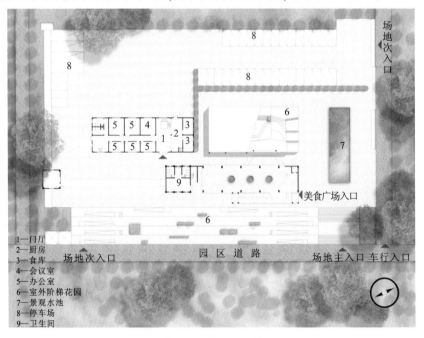

1—门厅
2—厨房
3—食库
4—会议室
5—办公室
6—室外阶梯花园
7—景观水池
8—停车场
9—卫生间

图 8-12 首层平面图

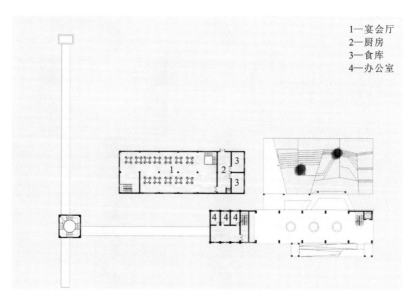

1—宴会厅
2—厨房
3—食库
4—办公室

图 8-13　二层平面图

室外垂直交通可以直达三层，在三层布置了相对活泼的空间，用特色功能为场地带来活力，如图 8-14 所示。 四层利用原有建筑空间跨度大、层高较高的优势布置了餐厅，为使用者提供体验丰富、视野绝佳的就餐空间，如图 8-15 所示。 五层利用原有的塔楼布置成了景观瞭望台，创造"会当凌绝顶"的空间体验，如图 8-16 所示。

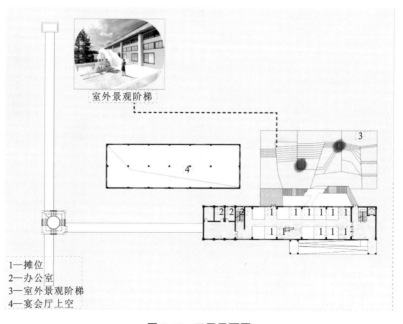

室外景观阶梯

1—摊位
2—办公室
3—室外景观阶梯
4—宴会厅上空

图 8-14　三层平面图

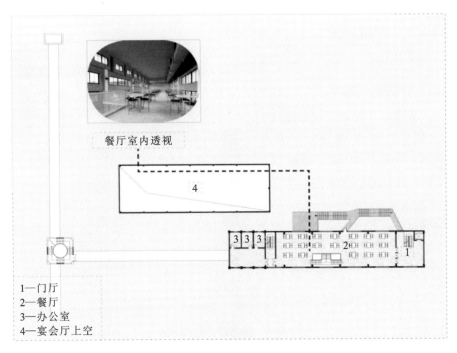

图 8-15 四层平面图

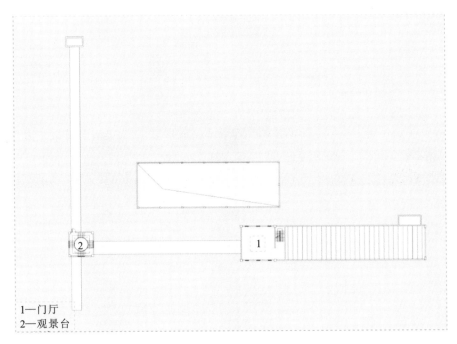

图 8-16 五层平面图

8.3.3 立面设计

在立面的重构过程中，首先对破旧的界面进行修复，通过增加新的构件，恢复原有的工业结构。其次最大限度地保留立面的开窗形式，使之与原有的历史风貌相协调。并且采用了室外玻璃阶梯，使得整个建筑在立面上产生空间垂直联系和视线联系，给旧工业构筑物增加了新的活力和生命力，如图8-17所示。此外，燃气站所在场地高差不等，由西向东逐渐升高，将室外场地平整后设计为一处景观大阶梯，既可作为面向南侧荧幕的观众席，也可作为室外通往室内的交通节点。同时在垂直方向上植入了丰富的景观，在增加活力的同时使垂直交通与室外景观相结合，增加场地的趣味性，如图8-18所示。

图 8-17 西立面图

图 8-18 东立面图

9

昆明871工业栈桥Ⅱ号项目

9.1 项 目 背 景

9.1.1 项目区位

项目位于云南省昆明市 871 文化创意工场内，背靠长虫山，蓝龙潭和黑龙潭环抱其南北，与龙泉路与丰源路相连，紧邻西北三环线和西北绕城公路，周边有昆明植物园、黑龙潭公园、长虫山森林公园、云南珠宝玉器城、云南野生动物园等。周边汇聚了大量政府机构、企事业单位、学校和住宅小区，交通便利，但周边城市配套较为薄弱。项目占地约 43 公顷，建筑面积约 15 公顷。

9.1.2 历史沿革

871 文化创意工场占地面积约 58 公顷，是有着 60 多年历史的昆明重工的旧址，承载着云南的工业历史文脉，存储着重要的"昆明历史记忆"。史料记载可追溯到清朝末年建成的云南龙云局，历经云南五金厂、云南矿山机械厂，后并入 1958 年始建的云南重机厂，即今昆明重工的前身。此后 60 多年间，昆明重工发展成为全国"八小重工"之首，创造了众多全国重型机器之最，写下了振奋人心的光辉篇章。

厂区始建于 1958 年，原为云南重机厂，属国有企业，具有一定的影响力。厂区内有重型工业厂房 25 间，结构完整，立面完好，具有强烈的工业风格，极具保护利用价值。栈桥是厂区内一处重要的工业建筑，此次规划设计保留了建筑质量较好的建筑结构和材料，在尊重现状的基础上对其进行改造设计。场地从 20 世纪 60 年代至今一直在更新发展，风貌也逐渐发生更替，各阶段风貌演变如图 9-1 所示。

9.1.3 场地现状

昆明重工承载着云南近代工业文明信息，是云南工业发展的见证和缩影，并且其工业厂房设施、设备保存完好，场地宽大开阔，升级、改造和可利用的空间巨大，具备良好的基础建设条件，现状分析如图 9-2 所示。随着城市的发展，人们对城市环境品质的要求将越来越高，主城区范围内已不适宜继续发展传统工业，转型成为必然趋势。871 文化创意工场在不改变原昆明重工工业用地性质及权属的情况下，最大限度保护原有场地、厂房的独特历史风貌和人文特点，通过适当改造基础

图 9-1 各阶段风貌演变

（a）20世纪60年代风貌；（b）20世纪80年代风貌；（c）20世纪90年代风貌；（d）当前风貌

设施、外部环境、内部结构，利用老旧厂房所体现的历史文脉和特色，建设国内一流、国际知名的文化创意园区。

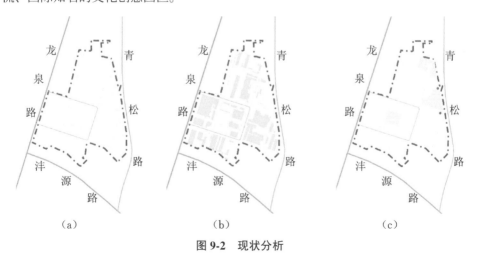

图 9-2 现状分析

（a）交通纹理现状；（b）建筑纹理现状；（c）景观纹理现状

当前燃气站共有 2 栋工业建筑、2 个栈桥等构筑物设施。 整体的再生设计思路是保留既有建（构）筑物的肌理和布局，增加运动健身廊道和景观廊架，如图 9-3、图 9-4 所示，同时将现有空地改造成为水池和园林景观小空间，将既有构筑物改造成为服务儿童的娱乐设施。

图 9-3　项目整体效果图

图 9-4　项目景观廊架效果图

9.2　规　划　设　计

9.2.1　品质定位

871 文化创意工场充分尊重企业原有的历史文脉及工业特征，在"工业+文化"的后工业时代，紧紧抓住云南建设"民族团结进步的示范区、生态文明建设的排头兵、面向南亚及东南亚的辐射中心"的战略机遇，以"创意+工业+生态+民族+旅游"的综合发展模式，如图 9-5 所示，打造文化创意园区综合体，体现昆明印象、七彩云南印象。 其改造目标为：①一个在传统旧工业厂区诞生的新兴创意产业片区；②一个承载歌舞演艺、文化休闲及昆明形象展示功能的"春城大厅"；③一个可见证工业发展历史的工业遗址博物馆；④一张融合"彩云之南"和"昆明印象"的城市名片；⑤一个环境友好、可持续发展的绿色人文生态社区；⑥一个聚集资源提供贴身服务的新型创新创业平台；⑦一个西南地区城市有机更新的示范引导区；⑧一个西南地区辐射南亚、东南亚的文创中心区。

9.2.2　项目定位

项目定位：创意生活综合体验公共服务平台；记忆昆明（过去）、印象昆明（现

图 9-5　综合发展模式

（a）创意元素；（b）工业元素；（c）生态元素；（d）民族元素；（e）旅游元素

在）和文化昆明（未来）的文化产业聚集示范园区；引领昆明人未来生活的体验高地；创意生活综合体；昆明北部特色的"工业+生态+民族"文化旅游胜地；辐射南亚、东南亚的文化创意中心。

具体战略定位包括：工业遗址价值提升，发展差异化优势，人无我有、人有我优，创意871、舞动彩云南。项目将以怀旧主题区、当代主题区、未来主题区三大功能主题区打造不同风格的业态，创造"创意+工业+生态+民族+旅游"五位一体的综合发展模式。

9.2.3　规划设计要点

871 文化创意工场中心园区内主要有 3 个厂房，即水压车间、热处理车间、设备维修车间，3 个厂房体现了不同时期的建筑风格。此区域还有一处供工人散步的小花园，植物茂盛。 除此之外，还有一处停车场广场，以及其他一些附属建筑。 针对中心园区的实际情况，做出以下设计：对 3 个厂房予以保留，其边上的配套建筑适当拆除，满足建筑改造的消防要求以及立面的完整性要求。 在建筑的顶部布设太阳能光伏板，此光伏板为 871 文化创意工场自主研发，在节能环保方面起到示范作用。 园区规划图如图 9-6 所示。

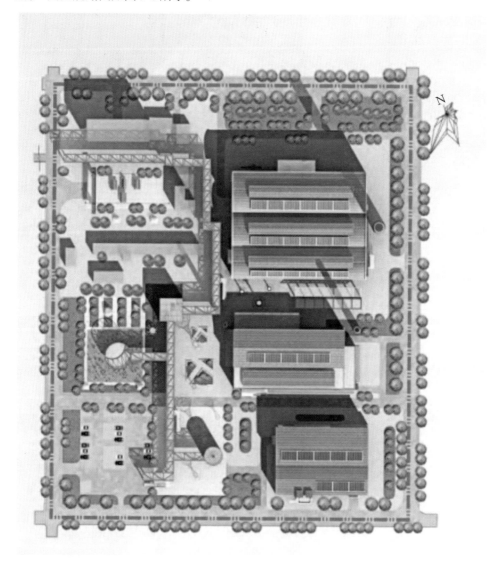

图 9-6　园区规划图

考虑到传统工业的形式，整个园区的串联可采用大型钢架做成的步行廊道。 为了吸引人流，可通过灯光的梦幻组合，突出园区的核心区域，把 871 文化创意工场中心园区的特色迅速传播开去。在再生利用中，增加架空的景观廊道，贯穿园区，让游客从不同的角度感受旧工业园区的魅力。同时，廊道上设置观景台，让游客有机会细细品味园区的景色。烟囱可通过灯光秀的变化塑造成地标，吸引远处观众的眼球。同时在重大活动时，围绕烟囱举行相关活动，将更具有观赏性。

9.3 构筑物设计

9.3.1 平面设计

改造后建筑一层的功能区主要由设备用房、储藏间、前台、餐饮区、零售区组成。场地共设有2个场地出入口，建筑共设有4个出入口，如图9-7、图9-8所示。2栋建筑围合的聚集空间形成下沉广场，与之相对的是亲水平台和架空廊道。室内外空间形成良好的视线关系和呼应关系。

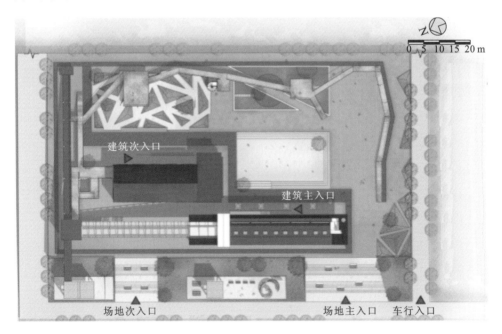

图 9-7 项目总平图

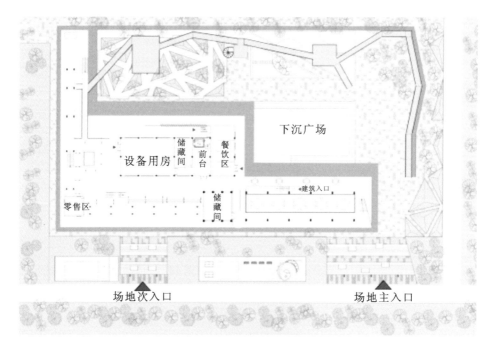

图 9-8　项目一层平面图

改造后建筑二层的功能区主要由小会议室、报告厅、展厅、咖啡厅组成。 通过旧栈桥改造后的室外通廊连接 2 栋主体建筑, 如图 9-9 所示。

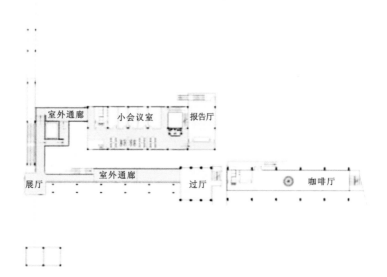

图 9-9　项目二层平面图

改造后建筑三层的功能区主要由艺术家工作室、展厅、办公室组成。 建筑空间组织丰富，通过通高空间的手法，展现再生建筑的灵活性，如图 9-10 所示。

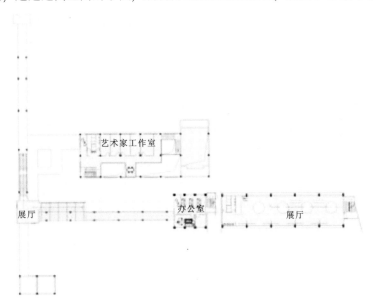

图 9-10　项目三层平面图

改造后建筑四层的功能区主要由展厅、办公室组成。 通过办公室可以沿栈桥去往展厅，如图 9-11 所示。

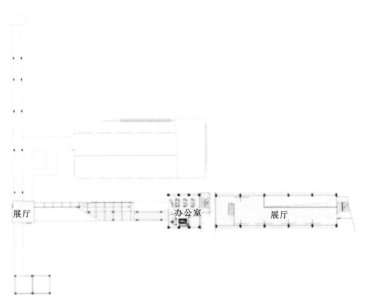

图 9-11　项目四层平面图

改造后建筑五层的功能区主要由展厅和室外平台组成，展厅与室外平台相连，如图 9-12 所示。

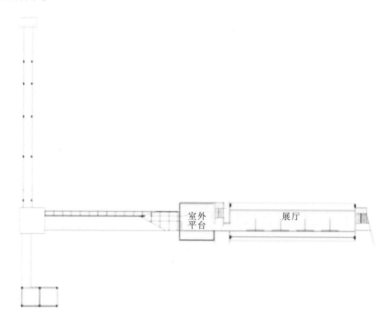

图 9-12　项目五层平面图

9.3.2　立面设计

在立面改造过程中，首先对老旧的立面进行了修复，通过增加新材料、新结构、新空间等手法，为旧工业构筑物增加新的生命力，赋予旧工业构筑物新的活力。通过调整开窗大小、立面材质等，保持旧工业构筑物的基本色调和整体氛围，以砖红色为主色调，加入灰色混凝土，风貌协调统一又不失新时代特色，如图 9-13、图 9-14 所示。

图 9-13　建筑北立面图

图 9-14 建筑西立面图

9.3.3 节点设计

燃气站的主体建筑保存较好，通过新旧共存的手法对建筑和场地进行更新改造，尊重燃气站的特殊性结构和空间秩序，同时加入了新的元素，改造后更加适宜普通大众进行休闲娱乐，如图 9-15 所示。

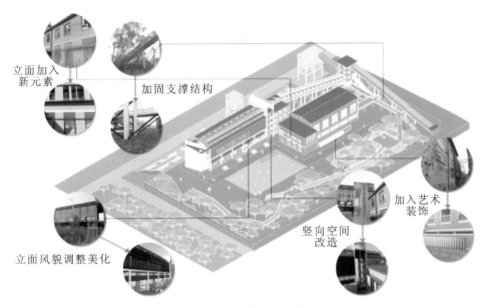

图 9-15 燃气站节点改造效果图

建筑窗户的装饰采用在立面上外包一层金属穿孔板，使立面风格更加鲜明统一，同时不影响采光，且富有光影变化。工业设施美化方面，将燃气站内部主体结构通过玻璃围合起来，形成展览空间，在对结构进行展览的同时加以保护。对冷却塔主体结构外部风貌进行调整，突出其在燃气站中识别度，形成特色构筑物。在栈桥的维护美化方面，对工业栈桥主体结构进行恢复性修建，使其重新焕发工业活力，唤醒生产记忆。对标志性构件也进行了修复，对冷却塔下部空间进行功能置换，加入活动设施，提升空间活力，形成特色空间。并且设计了创新活动空间，在栈桥下部加入直跑楼梯，与之前的栈桥功能形成联系，在打造特色空间的同时唤醒空间记忆，如图9-16所示。

图 9-16 节点改造示意图

10

重庆钢铁股份有限公司群体筒仓项目

10.1 项目背景

10.1.1 上位规划

重庆钢铁股份有限公司（以下简称"重钢"）群体筒仓项目位于重庆市长寿区江南镇，根据《重庆市国土空间总体规划（2021—2035 年）》，重庆市将全面融入"一带一路"和长江经济带发展，共建成渝地区双城经济圈，构建重庆市域"一区两群"协调发展的国土空间格局。

成渝城市群是西部大开发的重要平台，是长江经济带的战略支撑，也是国家推进新型城镇化的重要示范区。成渝城市群处于全国"两横三纵"城市化战略格局的沿长江通道横轴和包昆通道纵轴的交汇地带，是全国重要的城镇化区域，具有承东启西、连接南北的区位优势。成渝城市群是西部经济基础最好、经济实力最强的区域之一，电子信息、装备制造和金融等产业实力较为雄厚，具有较强的国际、国内影响力。成渝城市群各城市间山水相连、人缘相亲、文化一脉，经贸往来密切。成渝合作进程逐步加快，一体化发展的趋势日益明显。

重庆总体规划明确提出推动中心城区瘦身健体，强化科技创新、现代服务、先进制造、国际交往等高端功能，提升主城新区城市综合承载能力，建设产城融合、职住平衡、生态宜居、交通便利的郊区新城。

10.1.2 区位分析

重庆位于中国西南部、长江上游地区，是国家重要的中心城市之一、长江上游地区经济中心、国家重要先进制造业中心、西部金融中心、西部国际综合交通枢纽和国际门户枢纽，是国家历史文化名城。长寿区地处重庆主城都市圈，位于重庆主城以东，长江下游，紧依两江新区，距重庆江北国际机场和重庆北站约 60 千米，万吨级船队常年可通江达海，渝怀、渝利、渝万铁路和渝宜、长涪、三环高速交织交汇，是重庆水陆交通的重要枢纽。

基地位于重庆市主城东北，属于三峡库区生态经济区，基地紧邻长江，跨过长江西北侧为工业厂区，东南方向现状为村落，东北方向有学校一所，如图 10-1 所示。基地周边交通较为便利，有长寿 101 路、长寿 105 路公交。

图 10-1　基地周边情况

10.1.3　历史发展

重钢是一家有着百年历史的大型钢铁联合企业，1890 年晚清政府创办的汉阳铁厂系今日重钢的前身。 从汉阳铁厂到重钢的百年历程，不仅是一个企业的发展演变史，更是中国钢铁工业坎坷前行的缩影和写照。

1889 年，张之洞调任湖广总督，铁厂项目也于湖北启动。 湖北铁政局成立后，张之洞选址汉阳开始建厂，并下令"设法竭力赶办，务期早成一日，有一日之益"。 1937 年，国民政府军政部以前方抗战需要为名接收了汉阳铁厂，计划重新开炉炼钢以供军用。 1938 年，蒋介石颁发手令，汉阳钢铁厂应择要迁移，后选址重庆大渡口为厂址建设新厂。

1952 年后，重钢承担起服务新中国建设的任务。 重钢自行设计、生产的重轨，支撑了内昆铁路、天成铁路、兰新铁路等国内十几条铁路的建设；重钢人节衣缩食为抗美援朝捐献"一零一号飞机"，支援了泸定桥建设和西藏解放；重钢的产品支援了武汉长江大桥、重庆大礼堂、重庆发电厂等重大建设；重钢的优质钢材运往全国 20 多个省市，为包括日本、朝鲜等在内的国家培养了许多技术人才；向全国 100 多个单位输送了 8000 多名领导人才和技术骨干，在业界享有"北有鞍钢，南有重钢"的美誉。

1978 年 10 月，重钢成为首批 6 家试点改革国有企业之一，拉开了国有企业改革的序幕。 2011 年 9 月 16 日，长寿新区 3 号高炉正式点火烘炉，标志着重钢长寿新区基本具备年产 600 万吨钢系统的生产能力，顺利完成了重钢环保搬迁一期工程建设目标任务，建成了中国重要的船舶用钢精品生产基地和长江上游精品钢材生产基地，如图 10-2 所示。

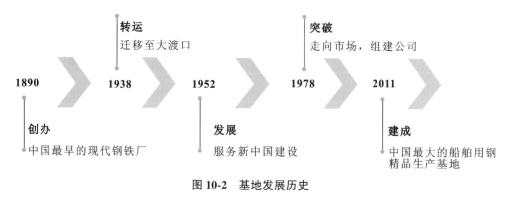

图 10-2　基地发展历史

10.1.4　优劣分析

重钢地理位置优越，距离重庆市中心 58.5 千米，毗邻长江，如图 10-3 所示。同时基地内交通较为便利，有两条公交线路穿越而过，自然环境优越，厂区绿化植被十分茂盛，场地可塑性强。 园区建筑类别多样、体量丰富，并且有储气罐、直立炉等较有特色的建（构）筑物，为重构提供了多样的设计资源，以及丰富的灵感来源。 厂区现状保存完好，内部空间高大、方正，便于进行重构再利用。

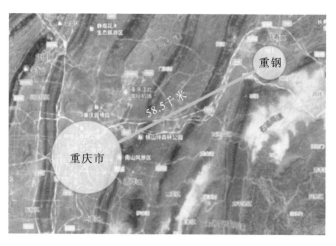

图 10-3　基地与重庆市区距离

但是厂区是 20 世纪 90 年代末建设成的，周边缺乏公共服务设施，功能也较为单一，韧性不足，场地建筑风格、形式并没有特别突出的特色，是一般的工业厂房与构筑物，因此建筑的历史和艺术价值较低，需要通过规划设计对旧工业构筑物进行适当的绿色重构，以展现文化创意产业园的特色，如图 10-4 所示。

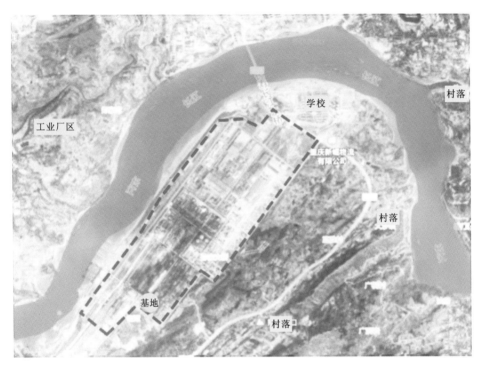

图 10-4 基地周边条件分析

10.2 规 划 设 计

10.2.1 设计理念

设计方案以绿色生态为核心理念，将自然意象引入场地，着力打造一个活力包容、绿意盎然的文体空间，实现人文与自然的和谐交融，提升城市生活品质。该筒仓绿色重构后，休闲、餐饮、运动、聚会、观景等多种活动均能在此发生，可以成为一个激发城市活力的文化综合体。

结合重庆城市愿景和场地特色，将筒仓群重构为文体活动中心，重构后的筒仓群主要承担休闲体育、图书馆、博物馆等多重功能。希望通过重构空间，为市民创造一个 24 小时可达的开放的城市共享公共空间，为周边居民、办公职员、学生、青年等不同人群提供一个休闲游憩的舒适场所，如图 10-5、图 10-6 所示。

图 10-5 项目总平面图

图 10-6 项目鸟瞰效果图

10.2.2 筒仓现状

重钢筒仓群由 8 个钢筋混凝土圆形筒仓组成，单仓设计储煤 1 万吨，其功能是为重钢焦化厂储存和输送原煤，是重钢焦化项目的重要组成部分。筒仓群包括单体筒仓 4 个，2 处连体筒仓共 4 个。仓体采用钢筋混凝土结构，内径有 21 米，仓顶高 54.3 米，仓壁厚为 350 毫米，现状保存良好，如图 10-7 所示。

（a） （b）

图 10-7 筒仓现状

（a）外部现状；（b）内部现状

10.2.3 改造要点

1. 设计元素提取

项目分别选取自然元素与重庆特有的地域元素作为设计的符号语言，从外部空间、内部空间将这些元素融入旧工业构筑物绿色重构当中，如表 10-1 所示。 第一，在外部形体方面，选取山脉此起彼伏的形态控制构筑物整体的形态，将原有筒仓与新加入的体块联系起来；第二，在筒仓内部模拟山脉、峡谷等自然意象，形成中庭空间、公共空间等，同时将自然光线等引入内部，使其成为构筑物中体验丰富、展示性强的活力空间；第三，外立面开窗元素选取两种不同直径的圆形模拟洞穴的自然意象，不仅丰富了外立面造型，还将光线、温度、风等自然元素引入室内；第四，重庆多山地，在外部空间营造中以仓体作为竖向元素，在低层加入横向平台与之呼应，既增加了构筑物与外部空间的联系，又减弱了筒仓的体量感，减小其对人的压迫感；第五，内部加入以重庆洪崖洞空间几何形态为主的多个小体块，形成丰富的空间类型。

表 10-1　设计元素提取

元素		设计元素提取	重构意象	效果图
地域元素提取	山城			
	洪崖洞			

2. 体块再生过程

简仓群重构过程中利用"拆旧添新"的设计手法，使构筑物焕发新的活力，如图 10-8 所示。 首先，顶部连廊部分表皮和外挂楼梯受外部环境的侵蚀已破损，将其拆除，使楼梯原本的工业属性展露出来，为简仓增添了工业气息。 其次，对于内部空间的处理，以 4 个简仓为一组，将其简壁相对打通，互相联系，形成 2 个更为宽广的内部大空间，促进空间的交流。 再次，在外部加入其他不同大小的简状体块，通过虚实对比、材质对比、立面对比等丰富简状构筑物形态，满足构筑物对空间多样性的需求。 最后，加入横向连接平台，将各个要素连成整体。

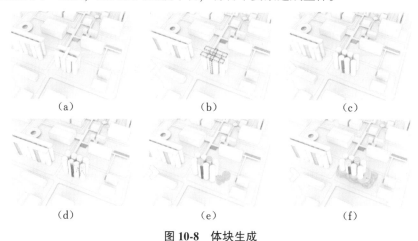

（a） （b） （c）

（d） （e） （f）

图 10-8 体块生成

（a）现有简仓；（b）拆除部分构筑物；（c）楼梯外露；
（d）内部空间打通；（e）加入新的块体；（f）加入横向线性元素

10.3　构筑物设计

10.3.1　外部环境优化

在场地环境更新方面，以打造景观节点的方法将绿化串联到整个旧工业构筑物空间中，提升构筑物的绿色性能，增进人与自然的联系，如图 10-9 所示。首先，场地的外围空间采用景观带和景观点相结合的方式，融入小品空间、休息空间、交通空间等，将水元素、植物元素等引入绿色设计中。其次，在各层的交流平台以及屋顶中引入绿植，不仅为构筑物增添了绿化，还丰富了公共景观空间。最后，在植物的种类上，尽量选择多品种植物，形成丰富的绿化环境，例如，在树木的选择上，选取桃树、樱花树、海棠等品种不同、高度不同、颜色不同的植物。

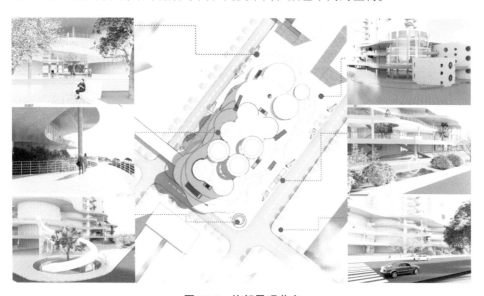

图 10-9　外部景观节点

10.3.2　内部空间激活

1. 引入自然光照

原有的筒仓封闭、内部昏暗，不利于人的使用。为了使筒仓空间更好地接触到自然环境，创造了一个绿色化的自然生态空间，在筒仓绿色重构过程中通过顶部及非承重筒壁开洞的方式引入自然光线，如图 10-10 所示。 自然光照不仅可以降低构筑物的能耗，改善内部空间环境，而且特定方向的光线有利于形成独特的立体光影空间，如图 10-11 所示。

图 10-10　内部光线分布　　　　　　　　　图 10-11　立体光影空间

2. 室内生态景观

良好的室内生态景观布置可以提高环境吸引力，增加人的愉悦感，绿色景观、水体生物等是重点发挥作用的绿色元素，在感官上给予人们贴近自然的体验，如图 10-12、图 10-13 所示。 室内生态景观不仅能净化空气、美化环境，同时还可以与人的心理需求融合在一起，形成一种新型的减压空间，从而提高空间质量。

图 10-12　公共空间生态景观　　　　　　　图 10-13　休闲空间生态景观

3. 自然材料应用

自然材料具有天然的绿色属性，有两个明显特点。 首先，自然材料本身具有很好的呼吸作用，可有效地调节室内的温度，提升空间效能；其次，温和的材料属性在一定程度上消除了内部结构给使用者带来的压迫感，增强空间活力。 因此在筒仓内部空间中使用木材作为主要内墙装饰材料，比如图书空间与交通空间，可以有效增强人与构筑物的亲密感，如图 10-14、图 10-15 所示。

图 10-14　图书空间

图 10-15　交通空间

10.3.3　流线功能重组

1. 外部空间

在场地外部空间设计中坚持"多元化、多功能、多路径"原则，不仅为构筑物提供了多样的冗余空间，而且给使用者提供了便利的环境空间，如图 10-16 所示。首先，场地与构筑物入口联系秉承多出入口原则，各功能空间均有独立的出入口，低楼层均可直接通往室外平台，方便与外部空间联系。其次，在构筑物的两个长边分别设置了竖向室外交通联系通道，丰富了室外公共交流流线。最后，将构筑物底层部分空间开放，提升场地活力的同时增强各功能空间之间的互动交流。

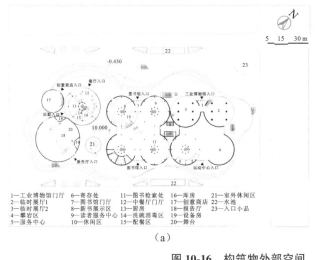

图 10-16　构筑物外部空间

（a）一层平面图；（b）外部空间流线

2. 内部空间

原有筒仓高约 50 米，空间空旷幽静，无论在尺度上还是心理上，均不适合作为公共空间使用。 在构筑物内部空间重构中，首先将原有的 8 个仓体分为工业博物馆区、休闲健身区、图书区 3 个主要功能区，另外根据功能的不同，将多功能报告厅、文创商店、餐厅等辅助功能按照空间大小分别植入不同大小的新体块中，形成多功能空间，如图 10-17 所示。 在内部流线的设置上，每个单体仓内设置一个竖向交通核，包括步行楼梯和升降电梯，根据《建筑设计防火规范（2018 年版）》（GB 50016—2014），合理划分内部防火分区，在筒仓群的内外及四周分别设置消防楼梯与安全出口，如图 10-18 所示。

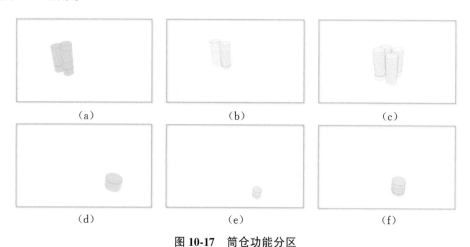

（a） （b） （c）

（d） （e） （f）

图 10-17 筒仓功能分区

（a）工业博物馆区；（b）休闲健身区；（c）图书区；（d）多功能报告厅；（e）文创商店；（f）餐厅

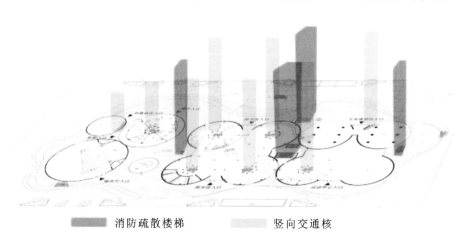

■ 消防疏散楼梯　　□ 竖向交通核

图 10-18 筒仓内部流线

10.3.4 模数结构体系

为使筒仓再生空间能够适应构筑物使用周期内的各种可能性，满足空间的多样化需求，在重构过程中考虑了模数化的空间结构体系，减少能耗，提高效率，如图10-19所示。第一，以同一圆心、半径为基数，构建多种不同面积的空间体块，这些体块可以任意植入仓内框架结构中。第二，在框架结构的中心位置植入同一规格的竖向交通。第三，空间体块、竖向交通、框架结构三者可自由组合，形成多样的空间群。

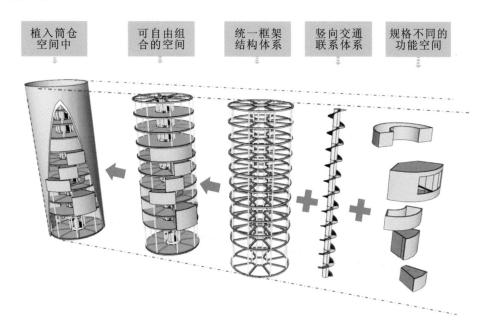

图 10-19 模数化结构组合图

10.3.5 绿色技术引入

1. 外墙节能技术

绿墙可以吸收二氧化碳，净化空气；可以吸收过量的光照，调节构筑物的整体温度；还可以缓解人们的情绪，降低噪声，同时可作为工业景观美化厂区的环境。筒状构筑物外墙高大，很适合垂直绿化的种植，提高旧工业构筑物的绿色效能，如图10-20、图10-21所示。

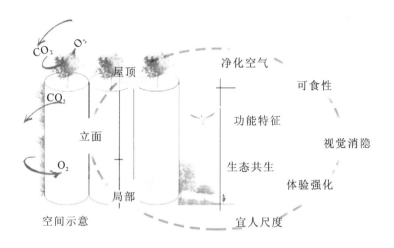

图 10-20   筒仓立面绿化示意图

图 10-21   筒仓立面绿化效果图

2. 太阳能

太阳能是一种可再生能源，在旧工业构筑物绿色重构中应尽可能地利用主动式太阳能系统吸收太阳辐射，进行采光与供暖，这种方式可减少燃气的使用，节约能源开支，降低一些非可再生能源的温室气体排放。 重钢筒仓群采用顶部开窗、筒壁开窗和局部嵌入采光结构三种方式为仓筒内提供太阳能，如图 10-22 所示。

3. 生物可降解材料

旧工业构筑物的建筑基础、墙面保温、室内装修等应多使用生物可降解材料，这些材料易分解，无有毒物质释放，可最大限度地减少对环境的污染与危害，使旧工业构筑物实现可持续化。

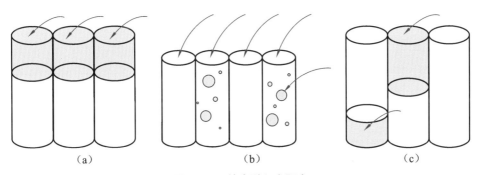

图 10-22 筒仓引入太阳光

（a）顶部开窗；（b）筒壁开窗；（c）局部嵌入采光结构

大同煤矿栈桥项目

11.1 项目背景

11.1.1 城市区位

山西的地理位置和地形都非常有特点，东边是河北，西边是陕西，距离北京、西安都不远，北接内蒙古自治区，南邻河南。山西省是传统文化大省，并且具有丰富的矿产资源，被戏称为"煤省"。此外，山西省自古就有人类活动的遗迹，为中华文明的发源地之一。大同，古称云中、平城、云州，是山西省辖地级市，是山西省政府确立的"一主三副"省域副中心城市之一，是国务院批复的中部地区重点城市，是山西省第二大城市，是国务院批复确定的中国晋冀蒙交界地区中心城市之一和重要的综合能源基地。

11.1.2 城市文化资源

大同是首批国家历史文化名城之一，曾是代国南都，北魏首都，辽、金、元初陪都，境内名胜古迹众多，包括大同府文庙、云冈石窟、华严寺、善化寺、恒山、悬空寺、九龙壁等，如图 11-1 所示。大同是中国首批 13 个较大的市之一、中国九大古都之一、国家新能源示范城市、中国优秀旅游城市、国家园林城市、全国双拥模范城市、全国性综合交通枢纽、中国雕塑之都、中国刀削面之乡、中国十佳运动休闲城市。大同同时是中国最大的煤炭能源基地之一，国家重化工能源基地，神府、准格尔新兴能源区与京津唐工业区的中点。大同素有"凤凰城"和"中国煤都"之称，其中最有名的便为大同市煤矿集团有限责任公司（以下简称"大同煤矿"），如图 11-2 所示。

图 11-1 大同府文庙

图 11-2 大同煤矿

11.1.3　基地区位

基地 10 千米外自然资源丰富，周边区域分布着国家地质公园、森林公园、金沙滩生态旅游区等一系列生态良好的区域。基地周边主要人群为村民及工人，如图 11-3 所示。基地周边 1 千米范围内均匀分布着工业区；基地 1 千米以外遍布着村庄，散布着 2 所学校。基地可达性较好，场地开阔，5 千米内自然景观资源匮乏。紧邻基地东侧有一条城市支路，紧邻基地西侧为铁路，需通过设计解决铁路噪声等问题，如图 11-4 所示。基地周边村民缺乏玩乐、欣赏景观、放松心情的去处。

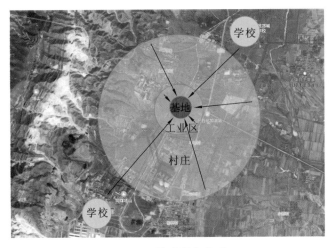

图 11-3　基地服务人群

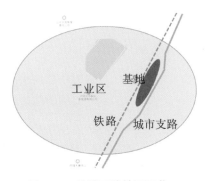

图 11-4　基地可达性图示化

11.1.4　现状调研

经过翔实的现场调研发现，栈桥共四跨，如图 11-5 所示。栈桥及周边区域未发现由于地基不均匀沉降造成的上部结构明显的倾斜、变形、裂缝等缺陷，建筑地基和基础无静载缺陷，地基基础基本完好。混凝土支架结构状况完好，未发现钢筋外露、锈蚀和混凝土裂缝、破损等缺陷；混凝土支架和混凝土板底存在浸水、受潮现象；拉紧装置间混凝土结构状况完好。栈桥下部铺设的钢骨架轻型楼板现状完好，未发现钢骨架锈蚀和楼板破损、开裂现象，但由于栈桥内部可能局部存在过积水，局部楼板底部存在渗水泛碱的问题。

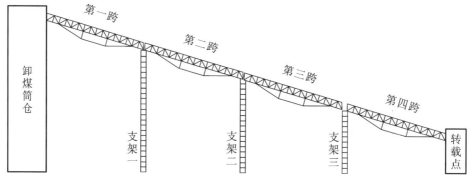

图 11-5　栈桥系统布置示意图

筒仓与栈桥本体完整、造型独特。栈桥彩钢板屋面整体现状完好，但是内部屋面彩钢板局部搭接处存在翘起与卷边现象。栈桥侧面围护墙面板现状完好，栈桥钢桁架滚轴支座现状完好，如图 11-6、图 11-7 所示。虽然栈桥内部存在不同程度的破损，但是不影响整体的构筑物再利用。筒仓内部空间简单，向上视觉冲击力强，拥有较高的再生利用价值。建筑所处地块与周边的交通以及功能衔接相对割裂，需要进一步进行连通。场地周边活动人群以当地居民和工人为主，建筑本体内部可以进入。

图 11-6　栈桥鸟瞰现状

图 11-7　栈桥内部现状

11.2 规 划 设 计

11.2.1 场地现状及人群需求

场地周边遍布村庄以及工业区，主要面向人群为村民及工人。对现状进行调研发现，附近村民的生活相对单一，缺少相关的休闲娱乐场地。并且经过详细的场地分析发现场地现状存在一定问题，包括当前被废弃的旧工业场地、被污染的生态空间、流失的活力人群以及相对稀缺的公共设施，如图 11-8 所示。本次项目设计将栈桥片区改造成为开放的城市公园。随着时代的变迁，周边居民的使用需求也在不断地改变，在栈桥公园改造中如何保留旧的记忆、实现新的功能成为公园维持生命力的关键。

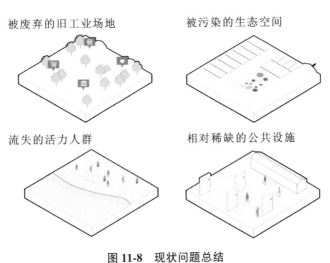

图 11-8 现状问题总结

11.2.2 设计理念植入及阐释

本次设计从现状问题出发，并且考虑到场地未来的发展潜力，将其打造为具有浓厚工业文化氛围的共享公园，如图 11-9 所示。其中几个设计要点分别为高端商业办公区、工业风文旅区、生态城市公园和多元缤纷的交通系统，如图 11-10 所示。其中高端商业办公区的设计要点为激活片区的商业活力，吸引相关的服务人群，通过建造高端的写字楼提高场地价值与提升风貌形象。工业风文旅区注重空间修补以及记忆重构，通过对旧工业构筑物的再利用延续场地浓厚的工业文化氛围，创造场地特色。 生态城市公园注重用地修复与生机流动，利用当地丰富的生态资源，增强当地的活力并且进一步吸引周边以及未来的人群。 通过多元缤纷的交通系统对以上功能进行串联、融合，并且利用便利的交通条件进一步扩大场地的影响力。

图 11-9　规划理念提出

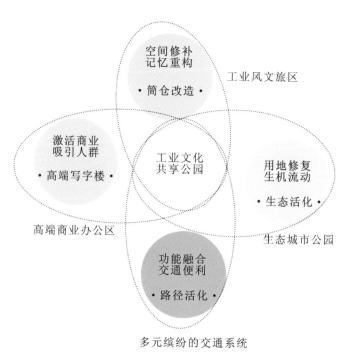

图 11-10　规划理念阐释

11.2.3　草图推导

在进行场地的平面以及三维设计时，首先考虑对场地内现有的工业遗产进行保留，提取现状的栈桥以及筒仓等相关的旧工业构筑物要素，进行最大限度的保留以及再利用，以延续场地独特的工业文化，如图 11-11 所示。　其次根据现状划分道路、主要节点与主要景观范围，同时设置步行步道节奏感，考虑整个场地的景观收放规律感，避免游览变得枯燥、单一。　再次围绕筒仓和栈桥，根据主要道路进行分区，满足各类人群的各种需求，通过具体的细部打造连接旧工业构筑物本身与周边的场地，使其成为元素统一的公园景观设计。　最后根据工业元素，用道路分区打造不同的景观片区。　为了增加更多的场地细节，设置大小以及主题各异的小节点以及水景和植物，通过精致的景观小品对场地的整体游览氛围进行提升。

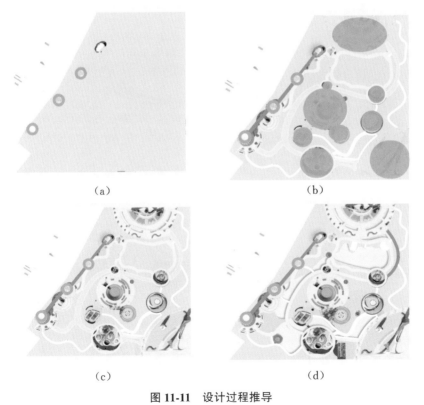

（a）　　　　　　　　　　　　（b）

（c）　　　　　　　　　　　　（d）

图 11-11　设计过程推导

（a）过程（一）；（b）过程（二）；（c）过程（三）；（d）过程（四）

通过分析场地所在的区位优势,结合相关的设计概念导向,按照整体功能协调的原则,栈桥旧工业构筑物得到了合理的改造和再利用,同时保留了原有的工业特色。并且通过逻辑完整的步骤推导来逐渐完善细节,一步步强化工业文化生态公园的场地内涵,进一步增强场地未来吸引力。

11.2.4 规划设计要点

在整体的规划设计上,以充分尊重原有栈桥以及场地特点为基础,以合理利用旧工业构筑物资源为目标,以旧工业构筑物原有的文化为重点,进行了大胆而新颖的设计。场地围绕栈桥和筒仓,塑造了以工业文化为核心的生态公园,一方面突出了原有的工业遗产价值,另一方面通过对生态元素的再引入增强了原有场地的内涵,提高了场地未来吸引力,体现出对人文、历史、环境的深刻反思,使本来已经废弃的旧工业构筑物获得了绿色再生,成功地营造了浓郁的生态文化氛围,场地规划设计总平面图如图 11-12 所示。

1—入口广场
2—高架栈桥入口
3—停车场
4—老人休闲广场
5—儿童活动区
6—青年运动场地
7—碎片休息点
8—商业楼
9—筒仓广场
10—瞭望塔1
11—高架彩虹桥
12—瞭望塔2
13—时间长廊
14—屋顶花园
15—中心剧场
16—儿童广场
17—廊架休闲处
18—植物园入口
19—万物生园区
20—花坛休闲区
21—观景亭
22—曦景湖
23—亲水台
24—高架栈桥出口
25—植物园出口
26—静心广场

图 11-12 场地规划设计总平面图

在场地功能的设计方面,首先应根据尊重原有场地原则、资源可持续性原则、功能结合艺术性原则以及延续场所历史文脉原则进行规划设计。其次对场地进行功能方面的具体设计。场地共有两个主要广场,一个是北入口进门处的入口广场,另一个是东南侧的入口广场。场地里面设置观景休闲区、儿童活动区、老年活动区三大针对周边人群主要需求的片区,如图 11-13 所示。在东西两侧利用筒仓区以及植物园区两大景观元素对三大片区进行缝合与织补。 整体空间结构突出曲线和轴线形式，通过道路的组织以及次级景观节点的串联，不但进一步增强了场地的趣味性，提高了场地的特质内涵，还能够服务更多未来的潜力人群，吸引更多的人逗留聚集，激发场地活力。

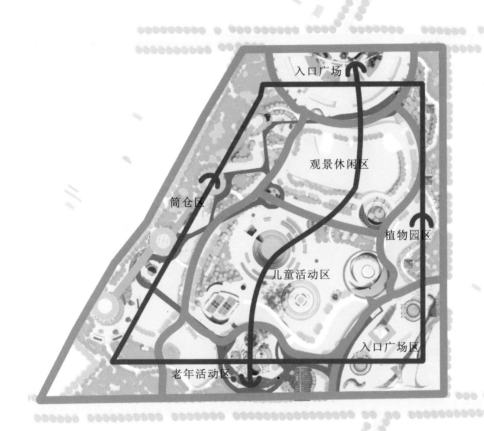

图 11-13　场地功能分区图

原来的场地相对较为空旷，有较为宽敞的路面和较大的拐弯半径，并且为了满足一定的运输要求，路面具有较强的承载能力。 因此，在栈桥以及附属场地的路网改造方面，保留了原有开敞空间的特点，并且对所设置的景观节点加以串联，在保证景观性的同时，在一级道路的设计上延续之前广阔的道路特征，辅以两旁高大的行道树，还原厂区的高效交通感，如图 11-14 所示。 场地的景观性以及趣味性更多通过二级道路以及景观性道路进行体现，从而设计出多层次的道路空间体系。

图例 ━━━━━━ 一级道路
　　　 ━━━━━━ 景观性道路
　　　 ━━━━━━ 二级道路

图 11-14　场地道路分析图

在具体的场地人群活力考虑方面，通过对周边居民的走访，发现场地的使用人群以儿童、青少年、老年人为主，并且考虑到场地规划之后的潜在游客人群，对这四种人群进行分析，如图 11-15 所示。　这四种人群在场地中的主要活动类型有玩耍、娱乐、运动、学习、健身、工作、社交、休闲等。　根据当前人们的活动特征，判断中午以及下午是场地利用最为频繁的时间。　考虑到中午和下午是一天中太阳直射程度最高的时间，场地采取了许多绿化措施，包括外墙绿化遮阳以及行道树遮阳等，通过绿色低碳的形式达到冬暖夏凉的效果。　大部分场地可以被植物的阴影所覆盖，保证春夏季节场地的游玩性。　同时为了不影响场地在冬季日照的要求，南侧种植落叶性植物，在冬季植物的叶子会脱落，使得场地能够大面积暴露在阳光之下。

在座椅附近种植树木以遮挡太阳辐射。 在相关的构筑物小品以及景观小品周围种植爬藤植物，除了遮挡阳光，还能创造良好的景观效果。

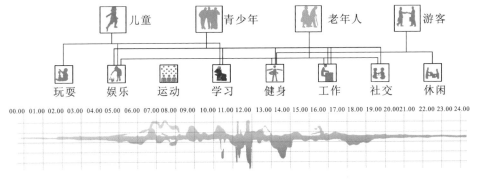

图 11-15　场地人群活动分析

除了二维的平面设计考虑，为了进一步增强场地的娱乐性与趣味性，场地同时增加了三维的高差设计考虑，如图 11-16 所示。 首先场地的视觉最高点为原有的筒仓以及栈桥部分，它们起着统揽全局的作用，增强了场地的再生利用价值。 其次高低错落的栈桥设计使得场地的平面空间被充分利用，并且通过楼梯使得地面层与栈桥层产生联系，同时增加栈桥与筒仓之间的出入通道，联系整个场地中的重要景观要素。 地面层则更多地使用下沉广场的设计形式，增加场地的趣味性。 在中心广场设置环状的下沉中心广场，方便周边居民进行临时的集会、宣讲等。 方案整体高低错落有致，在立体三维空间上做了丰富的设计，从而进一步增强场地内涵，提高场地活力，吸引未来潜在人群。

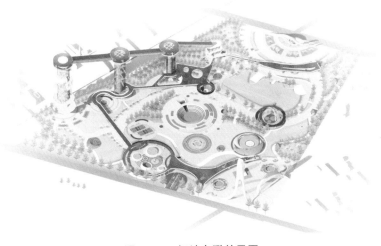

图 11-16　场地鸟瞰效果图

11.3 构筑物设计

11.3.1 设计理念

对于一个见证工业文化发展的城市公园，保留其历史遗迹成为公园景观塑造十分重要的手法。大同煤矿栈桥公园的设计保留了原栈桥和转运站系统，以此作为新的栈桥公园高空游览路线的设计原型。同时对形式加以变化，打破原有的规则形式，插入玻璃盒子，使得设计在保留场地记忆的同时，赋予符合当代使用功能的新元素，满足周边人群的游憩、停留交谈以及穿行的功能需求。在现代与历史的交融下，唤起公园使用者的集体潜意识，引发情感共鸣。

作为栈桥公园设计的原始意象，"工业文化空间"成为场地隐含的历史原型。无论是微缩工业的奇特景观，还是工人工作的工业场景，大同煤矿栈桥公园特有的工业文化景象都深深地烙刻在周边居民的回忆中。栈桥公园的设计通过传承这种"工业文化空间"的原始意象，增加现代大众活动内容，丰富大众活动体验。

在工业文化的传承中，栈桥公园并没有设置专门的工业文化展示场地，而是结合栈桥设计元素，创造一种全新的"趣味工业文化空间"。通过对"趣味工业文化空间"的转译，创造自由多样的开放空间体系，在激发场地原有工业精神的同时，满足现代意义的通行、社交、散步、跳舞、运动、游戏等一系列活动功能需求。

栈桥整体设计分为四步。首先，对构筑物情况进行梳理，并把场地原有构筑物分为拆除构筑物、改造构筑物、保留构筑物三种。其次，在筒仓内植入玻璃盒子，通过新建玻璃幕墙营造现代气息，并将自然元素赋予构筑物上，使构筑物增添自然气息，如图 11-17 所示。再次，对场地进行划分利用，打造码头广场、休息广场、趣味场地。最后，植入工业元素和廊道，打造空间走廊，使得工业艺术在地展示，如图 11-18 所示。

图 11-17　植入玻璃盒子

图 11-18　打造空间走廊

11.3.2 栈桥设计

1. 栈桥片区总平面设计

栈桥片区出入口应选在交通比较方便、标志明显的地方，并注意利用季节风向，避免位于下风口使人不舒适，同时避免夕阳低入射角光线的水面泛光对游人眼睛产生强烈刺激。将水系引入整个栈桥片区，并注意栈桥与水面的对景关系。在宽广的水面应尽可能选择宽广的对景点，较小的水面尽量布置较长的景深与视景层次，取得小中见大的效果。

采用架空栈桥与地面栈道结合的方式，栈桥于绿植中穿梭，忽隐忽现，与环境融为一体，可带给游客沉浸式体验。栈桥中设置若干休息点，每隔150米设置遮阳建筑节点，以保证步行舒适度。栈桥景观设计以文态传承开新、形态景观一体化、生态保护优先、以人为本和常态永续慢行为指导，技术标准适用，技术指标合理，结构简洁可靠。

2. 栈桥细部设计

栈桥体量与河道水体适应，一般通道处宽度为1.5～2.0米。平台的尺度根据河道景观需要确定，设置为沿河道通长栈道和单体栈道，单体栈道长度设为20～30米。栈桥铺装采用仿木处理，用仿木替代原木装饰效果，不仅保证了应用场所的需求，而且造价相对较低，施工方便，经久耐用，处理较灵活。栈桥形成的特定景观空间感往往能吸引游客的眼球，使游客改变行走方式，减缓行走速度，驻足于此，观赏城市美景。

3. 二维结构设计

在栈桥工业文化的引入中，栈桥公园设计了二维结构网络，如图11-19所示。一是高空栈桥步道，以高空原始栈桥空间传承传统工业文化的特色；二是林荫栈桥步道，以大量的座椅、展牌、生活服务设施满足周边使用者的游憩需求。在两条结构网络上，栈桥公园新增了一条围绕公园一周的红色环形跑步道。对于公园周边需要快速通达的工作人员，在新的道路网络中增加一条斜向穿越的路径，在不需要停留参与公园活动时可以穿越公园中心，增加接触自然的机会。栈桥公园模糊的边界使之与城市更贴切，在道路两侧设置了座椅，方便人们休息、交流、用餐。

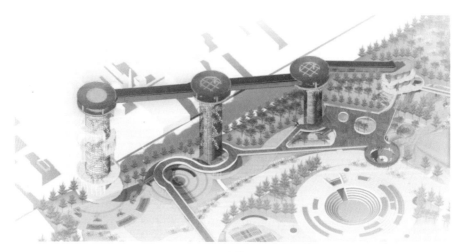

图 11-19　二维栈桥结构网络

11.3.3　筒仓设计

1. 内部空间更新设计

圆形筒仓类旧工业构筑物设计之初是用来贮存物料的，对其改造的重要变化是在其空间内部引入人的活动，但这并不是一个"人"与"筒仓"单纯相加的过程。空间的塑造在于人的活动与建筑物本体之间产生的互动关联，空间的特质是依托在建筑空间的特异性基础之上的。强调建筑与人、人与人之间的互动体验，这对空间的重塑具有重要意义。

在筒仓一层室内展厅设计中用墙体来划分水平空间，缩小空间尺度来满足现代展厅使用功能的需求，借助多元化的划分形式，创造出丰富的展览体验，如图 11-20 所示。在筒仓内增加分隔墙体，可以分割内部功能空间，如图 11-21 所示。借助墙体分割的办法更新筒仓的室内空间，在建造过程中增加混凝土砌块墙体与轻质隔墙，从水平层面对空间予以有效划分，从而实现横向尺度的科学合理切割。适当提高视线交错的密集程度，可以更大限度地提升空间的效用。依托筒仓现有的交通条件，新增交通核并布置在筒仓内部，新增空间与原有筒仓形成围合型的空间关系。交通核结合内部中庭组织垂直方向的各层空间关系布置，也可以确保重构后的形体关系简洁。

2. 建筑外部更新设计

在筒仓外部采用了玻璃表皮、钢结构相互支撑的廊架空间，如图 11-22 所示。玻璃与钢材结合使用，呈现出强烈的现代感，并且与筒仓的工业文化感形成了鲜明

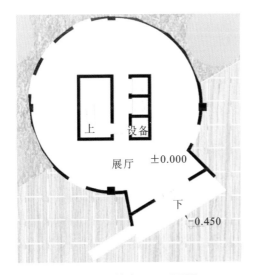

图 11-20　筒仓一层平面图

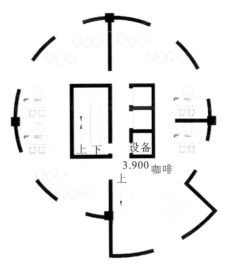

图 11-21　筒仓二层平面图

图 11-22　筒仓外部更新设计

的对比。　当行人到达筒仓外时，可以感受到历史与现代的相互融合与激烈碰撞。开敞空间有利于人们开展各种活动，通透玻璃为人们提供更加多元化的场所体验，人的视线可以同时覆盖空间内的很多场所，为游客提供更加美好、独特的服务体验。

筒仓外部结合立体绿化，打造示范性绿色生态建筑外观。　建筑垂直绿化对于环境和景观有非常明显的改善作用，并且可以作为空气过滤器，改善空气质量。　通过吸收大量从场地通过的车辆排放的尾气和飘尘，释放氧气，有效地缓解汽车尾气和飘尘所带来的污染，还可以减少热岛效应。　植物墙通过蒸腾作用吸收热量，通过遮阴降低建筑表面的温度和改变建筑内部的温度，从而提高室内热舒适性和减少空调能耗；帮助建筑物保持热量对流，从而保护建筑墙体。植物墙还可以隔离噪声，减少建筑的声反射，还可以吸收一定量的降雨，同时可作为天然雨水过滤器。

筒仓外部更新设计注重"少即是多"的理念，强调形式与功能的呼应，利用水平线条与绿化穿插打造简洁、明快的建筑形象。

3. 室外空间更新设计

筒仓的室外空间更新设计不是简单的拆旧建新、以新代旧，而应是一个新旧整合的过程，设计应充分考虑旧有建筑及外部环境的多重价值，挖掘原有元素的可利用价值，对其进行合理利用，并结合新活力元素的注入，将旧有空间特质与新的设计要求整合在一起，打造既符合新时代要求，又包含旧有空间特质的新空间环境。对筒仓的室外空间进行更新设计的同时，也要充分挖掘其背后的工业精神，采用以点带面的形式对场地的自然景观环境进行改造，此处的自然景观环境包括自然植被、地表以及工业遗产。

本次筒仓室外空间更新设计通过增加绿化和广场来完成，以种植本土花草的方式扩大筒仓的外围绿化面积，在这个过程中最大限度地显示出植被在不同季节的差异，形成四季分明的风格。借助多样化的植被来增加筒仓室外空间的景观内容，使其同附近的环境构成协调的整体，如图 11-23 所示。

图 11-23　筒仓室外空间更新设计

在筒仓外围空余的场地上建造广场设施，提供休闲娱乐场所。新设置的广场有效地衔接了筒仓和周边环境，同时广场上举行的文艺活动等还能够引来更多群众，使得所在区域有足够的人流量，进一步刺激消费需求，促进区域内的良好协调发展。

12

淮安中盐化工热电厂烟囱项目

12.1 项目背景

12.1.1 城市区位

江苏省与上海市、浙江省、安徽省、山东省接壤，跨江滨海，湖泊众多，地势平坦，地貌由平原、水域、低山丘陵构成，东临黄海，地跨长江、淮河两大水系。江苏地理上跨越南北，气候、植被同时具有南方和北方的特征。江苏地区发展与民生指数（DLI）居全国省域第一，成为中国综合发展水平最高的省份。江苏省经济综合竞争力居全国前列，拥有全国最大规模的制造业集群，实际使用外资规模居全国首位，人均 GDP 自 2009 年起连续居全国第一位，是中国经济最活跃的省份之一。

淮安，古称淮阴，江苏省辖地级市，位于江苏省中北部，江淮平原东部。淮安地处长江三角洲地区，是苏北重要中心城市、长三角北部现代化中心城市、南京都市圈成员城市、淮河生态经济带首提首推城市，坐落于古淮河与京杭大运河交点，处在中国南北分界线"秦岭—淮河"线上，拥有中国第四大淡水湖洪泽湖，是全国文明城市、国家历史文化名城、国家卫生城市、国家园林城市、国家环境保护模范城市、国家低碳试点城市。

12.1.2 城市文化资源

淮安有 2200 多年建城史，秦时置县于泗水郡淮阴县，治今淮阴区马头镇，境内有"青莲岗文化"遗址，曾是漕运枢纽、盐运要冲，驻有漕运总督府、江南河道总督府。历史上淮安与苏州、杭州、扬州并称运河沿线的"四大都市""南船北马交汇之地"，有"中国运河之都"的美誉。

淮安人杰地灵，是一代伟人周恩来总理的故乡，建有周恩来纪念馆，如图 12-1 所示。淮安历史上诞生过大军事家韩信、汉赋大家枚乘、巾帼英雄梁红玉、《西游记》作者吴承恩、民族英雄关天培、《老残游记》作者刘鹗等，建有韩信故里，如图 12-2 所示。淮安有著名的红色旅游景区周恩来故里景区、新四军刘老庄连纪念园、黄花塘新四军军部纪念馆、中共中央华中分局旧址、苏皖边区政府旧址纪念馆、淮安方特东方欲晓等，还有古淮河文化生态景区等。

图 12-1　周恩来纪念馆　　　　　　　　　图 12-2　韩信故里

12.1.3　基地区位

中盐淮安鸿运盐化有限公司（简称中盐化工）位于江苏省淮安市西南洪泽区，紧邻洪泽湖，如图 12-3 所示。公司成立于 1998 年，主要从事氯化钠、硫化钠的生产与销售。

基地周边区域分布着河流、湖泊、农田，周边生态环境品质良好，如图 12-4 所示。基地周边主要用地为居住用地和农业用地，其中沿着主干道分布着一些服务业，服务人群为村民及工人。基地可达性较好、场地开阔，紧邻基地东侧有一条城市主干道，主干道的东侧为河流，河面开阔，有一定的景观性。基地整体自然环境优越，交通便利，场地开阔，但也存在基础设施匮乏、场地韧性建设不足等问题。

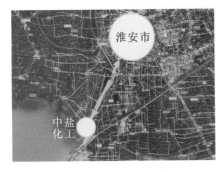

图 12-3　中盐化工与淮安市的区位关系　　　图 12-4　中盐化工周边环境

12.1.4　现状调研

中盐化工热电厂 2 座烟囱高达 120 米，为单筒钢筋混凝土烟囱，其出口直径为

3.5 米，如图 12-5 所示，于 2010 年设计、施工并投入使用。

图 12-5　中盐化工热电厂烟囱

图 12-6　烟囱表面裂缝

对中盐化工热电厂烟囱进行外观检查发现，烟囱附属设施基本良好，尚不影响使用；烟囱腐蚀较严重，多处出现环向裂缝及竖向裂缝，裂缝宽度为 0.4～2.0 毫米，裂缝处钢筋严重锈蚀，如图 12-6 所示。故应对烟囱筒壁进行维修，对内衬进行修复处理，增加防腐层；应及时对烟囱裂缝及钢筋锈蚀处进行修复处理。2 座烟囱的基本条件相同，位置也并无太大区别，在绿色重构时需认真考虑对 2 座烟囱进行合适的处理。

12.2　规 划 设 计

12.2.1　场地现状及人群需求

厂区内的储罐、烟囱等工业设施是园区的最大特色。厂区的完整性和可塑性为其作为创意园区的发展提供了可能性。场地周边遍布村庄、农田、河流和湖泊，主要面向人群为村民及工人。对现状进行调研发现，附近居民的生活相对单一，缺少相关的休闲娱乐场地。通过深入挖掘片区的景观和工业遗产优势，设计拟植入工业旅游功能，活化片区产业发展，提升地区吸引力。结合当地优秀的生态条件与较高的人口密度，建设河边工业旅游休闲区，形成工业遗产—创意产业板块。基地周边化工企业集聚，未来化工企业搬迁后的污染治理与产业转型是规划重点。

12.2.2　设计理念植入及阐释

本次设计旨在从韧性的角度出发，将重工业转型升级为文创与设计产业和商业，为旧工业厂区带来新的活力，同时唤醒城市记忆，塑造新的城市文化。其中几个设计点分别是综合剧场、咖啡小憩、栈桥寻忆、文创书店、美食餐饮、草地休闲、中心广场、工业新生、工业展览馆、白桦林、储罐记忆。针对不同特点的旧工业构筑物采取不同的处理方式，如表 12-1 所示。

表 12-1　旧工业构筑物处理方式

价值保留	质感恢复	核心空间创造	人性空间与尺度
对结构完好的旧工业构筑物进行绿色重构升级	恢复原有构筑物立面，或局部通过工业化产品及细节设计恢复并升级原有构筑物	重点发展企业孵化、文化创意、高端会展以及活动展演等功能，为老旧厂房增添活力	烟囱的高大空间为创造不同尺度的人性化空间提供更多的可能性

现状片区在功能提升过程中应充分考虑热电厂片区的环境品质，充分利用交通优势，来焕发旧工业厂区的新活力。同时以文化为核心，以产业奠基础，以商业造活力，打造城市文化的新地标。对于韧性理念的融入主要从文化韧性以及空间韧性入手，如图 12-7 所示。

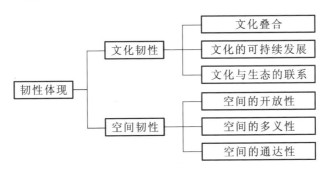

图 12-7　设计理念的体现

12.2.3　草图推导

首先，在进行场地的功能组织时，除保留场地内现有的有价值的旧工业构筑物外，还应充分考虑场地的加工流程，以对工业原料的处理过程以及各组成部分的实际功能为出发点，布置行人的多层次流线，旧工业构筑物绿色重构材料以及色彩根据对原料的加工温度进行设置，如图 12-8 所示，以此来让游客感受工业生产带来的视觉上的不同体验。其次，基地所处地块生态性比较好，而厂区内部绿化较少，工业属性较强，容易给游客带来负面的身体感受及心理体验，故对狭长的基地内部进行多点、分层布置，并增加不同体验的景观节点，同时增加基地的绿地率，增加场地工业文化与生态的联系。

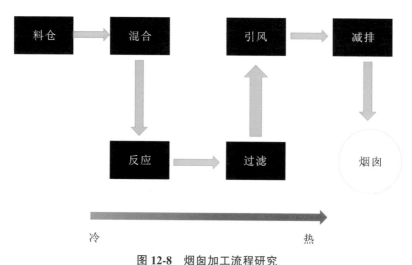

图 12-8　烟囱加工流程研究

12.2.4　规划设计要点

作为一个带有工业记忆的城市休闲游憩场所，通过对空间的水平划分与垂直分层的手法对烟囱构筑物进行绿色重构。老旧工业厂区内的不同旧工业构筑物之间也存在内部重组，在外部增添构件的基础上，打造多个不同的场所，如咖啡店、书店、活动广场等，体现工业遗产的可塑性对于产业置换的导向作用。二层空间整体以架高的高线公园作为设计亮点。

首先，整体二层平台采用"新旧对比"的手法，以分层加建空间的方式，突出整体的线性特征。在材料选择上运用钢框架与原有厂区材料相结合的方式，形成各自独立的、带有强烈视觉冲击性的体验场所。其中首层以折线形的人行游线结合小面积绿地与水面进行布置；二层则结合一层景观视野良好的片区布置开敞空间，并将其串联在连廊之上。两层空间通过场地内的地面铺装、高大乔木、视线引导进行串联，形成有机整体。原有旧工业构筑物粗犷的特征也在新材料以及大面积绿植的烘托下得以强化，如图 12-9、图 12-10 所示。

图 12-9　构筑物整体与周围的环境关系　　图 12-10　构筑物局部与周围的环境关系

其次，对于基地内不同功能属性的旧工业构筑物采用综合处理的手法进行绿色重构。其中，对于具有特殊形态的罐体、管道、生产通道，采取保留、加固的手法进行维护；对于楼梯、通道等设施，则采取加建、替换的手法进行处理。另外，老炉区在绿色重构的过程中，在原有部分的二层加建了特色广场，为不同主题、不同人群的活动需求提供了多样化的活动场所，如图 12-11、图 12-12 所示。

图 12-11　生态交往空间　　　　　　　　图 12-12　冥想空间

1. 入口的处理

由于在原有基地上直接设置主入口的方式不容易在视觉上给观展者以引导作用，故入口选择在原有空地上依附一个小体量以山水为意象的景观小品进行塑造，使得游客的心理产生细微变化，同时整体的形式与核心公共空间相呼应，从而使入口表现的场所精神与基地整体所处的地理位置、与自然和谐共生的设计理念、与绿色重构的组织形式建立了清晰、密切的联系，如图 12-13 所示。

图 12-13 入口效果图

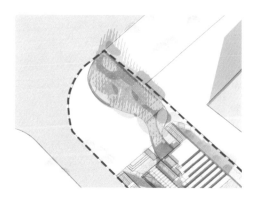

图 12-14 入口平面图

烟囱独特的外形与储罐的曲面墙体在基地入口处营造凹陷感，再加上整体折线形式的空间序列，使得步行空间由工业文化空间缓慢过渡到生态空间，营造出流畅的入口空间感受，给游客一种强烈的心理暗示与视觉引导，将游览者平缓地引入基地整体的核心空间，如图 12-14 所示。基地东侧新增建筑面对道路界面上设置的次要入口，使得东侧入口在平整界面上格外醒目，给人以较大的视觉冲击与路径指引。

对于入口小品的形式与尺度，则选取与自然相融合的横向形体与垂直柱子相结合的方式。该横向形体的外表简洁平整，与基地内部其他旧工业构筑物简洁平整的立面相互呼应。不仅如此，小品整体形态横向展开，与原有热电厂烟囱工作塔的竖向形态一横一纵，形成很好的视觉平衡，外形上的和谐统一暗示了历史与当下语境的一致性。

2. 步行游线的设置

步行游线的设计旨在尽可能强化各个旧工业构筑物之间的关系，同时为观展者提供更多的穿行体验。因此，设置了多组不同尺度的开敞空间以及能够带来不同视觉观感的穿行于构筑物间的空中步行空间，同时它们也成为生态文化与工业文化相交织的观景空间。

空中廊道设置在旧工业构筑物侧面，整体由不同尺度的与自然互动的开敞空间和曲折有趣的路径两部分构成。这两部分一静一动，给游人创造观赏不同距离、不同高度空间的条件，动态的路径产生的是一种水平方向展开的步移景异的长卷，静态的开敞空间创造的是一种平静状态下人与自然的对话，整体实现了工业景观与自然景观的衔接，如图 12-15 所示。在步行游线后半部分，采取两种不同绿色重构手法设计的高耸烟囱映入眼帘，结合场地内部的开敞空间与基地末端的大面积白桦林将整个游览体验推向高潮。一层与二层则分别提供了近距离接触储罐与烟囱的观景平台，使人置身在当下语境空间里来近距离品味和感受历史的温度，为封闭、工业特性极强的旧工业构筑物外部空间创造了其在当下作为公共文化空间所必备的开放性与公共性。

3. 材料的选择

入口的建筑小品由白色的半透明阳光板组成，表现出极具现代感的简洁纯净体量，整体呈现出一种迎接未来的姿态。二层的空中廊道采用简洁的钢铁结构与软质绿化景观相结合的方式，体现轻质感与现代感，同时映射出现代生活的多样性与不确定性，如图 12-16 所示。混凝土的厚重感与密封性投射出历史信息的不可逆性与确定性。

图 12-15　工业景观与自然景观的关系　　　　图 12-16　空中廊道

新型材料是当下时间节点各种信息的综合隐喻，烟囱采用镜面金属材质进行装饰，反射周围自然环境与其他旧工业构筑物，使得这一竖向形体呈现出繁杂的历史层级的信息隐喻。烟囱与自然环境和各旧工业构筑物交相呼应、相互依存、相互对比，暗示历史与现在的对话。

12.3　构筑物设计

烟囱的形态特征具有很强的识别性，成为其区别于城市建筑的独特因素，因此，在绿色重构的过程中应该尽可能避免对烟囱的形态进行较大改变，从而使其失去原有的独特性与标志性。旧工业构筑物形态特征的重构包括体量特征的重构与立面特征的重构。体量特征的重构是指通过在烟囱外部增建或外挂体量及功能构件达到拓展空间的同时，形成对外部形体的再塑造，所以在考虑附加体量时应综合考虑新旧体量的关系，使新旧体量在材质、体量配比和交接关系等方面达到有机的平衡。立面特征的重构是指通过立面洞口与材质处理或表皮包裹的方式强化烟囱的形象感，使得建筑的结构不会有大的变化，从而满足新建设的功能需求。体量特征的重构在一定程度也是立面特征的重构。

12.3.1 设计理念

在旧工业构筑物中，历史职能包含冶炼、锻铸、焚烧环节的不在少数。受常规厂房构筑物形式的约束，这些生产过程往往需要依靠特殊的设备和特定的构筑物来完成，如烟囱、冷却塔等形象显著的构筑物。它们的视觉冲击力强，最能还原历史场景。积极处理这些旧工业构筑物，会使工业遗产的开发保护进度加快，并顺应景观先行的保护开发方式，使其成为现代场景中点开历史的视窗。而烟囱作为这类构筑物中最为醒目的一个，如何对其进行处理自然成为旧工业构筑物绿色重构过程中必须直面的问题。

通过对旧工业构筑物的分类分析，分别确定需保留、重构、拆除的对象。绿色重构设计方案应最大限度地尊重原有厂区的布局结构，考虑交通和周围环境条件，通过新建、扩建的方式将其整合成集剧场、咖啡店、广场、书店等功能于一体的新型城市公园，塑造工业遗产在城市中的全新形象。

旧工业厂区整体绿色重构将旧工业构筑物作为重点对象来处理，有以不同材质和形式营造的韵律感；也有只保留构筑物单体原有结构，而将整个外立面完全用幕墙包围的典型商业做法；更有借由钢框架自然暴露延伸到室外环境并贯穿场所的横向通道。具有工业气息的钢框架在水平方向集中排列，铺陈出独具匠心的场所肌理，将基地重新划分。而保留的烟囱恰恰成为通道终端，其高耸的形象巧妙地突出景观区域，让发散的基地构图有了视觉中心。

12.3.2 烟囱绿色重构

1. 烟囱与场地的关系

原场区内有 2 座烟囱，贴近厂房耸立着，高度相近，用地较为局促。基于片区绿色重构用途，参考景观轴线设置，拟将 2 座烟囱保留，塑造场景节点，展现其独具特色的垂直体量，并将其作为场区内高度控制点；而将位置离散、质量较差、与规划设计符合度不够的旧工业构筑物进行拆除。保留的烟囱因其外观形象具有代表性，既能融入片区形成景观再造焦点，亦可成为场区轮廓在地段和城市层面的标志点，如图 12-17 所示。

2. 烟囱细部设计

烟囱绿色重构是典型局部并列依附式重构，在绿色重构项目中，历史、现在与未来应该是同样重要的，基于这一点，将历史与旧工业构筑物的原始面貌以最完整的方式再现是重要的考量因素。对"旧"的认可意味着对城市历史的理解，但同时又加入了新的异质空中步道，体现了再造这一意图，使旧的烟囱与新的历史时代产生互动。通过在烟囱外侧增建悬挑外挂平台来联系首层与顶层的展览空间和景观空间，形成北向的观景平台。行人可以在穿行于通廊的过程中随时驻足眺望北侧的白桦林景色，如图 12-18 所示。北侧烟囱通过使用镜面金属材料来最大限度地反射周边的景观，同时与烟囱本身的材质相互衬托，既突出了烟囱绿色重构后的现代感与轻盈感，又强化了构筑物的历史感与厚重感。

图 12-17 烟囱与场地的关系　　　　图 12-18 白桦林景色

3. 材料设计

悬挑的外挂观景平台的体量以及悬挂位置的特殊性，使其立面与底面成为旧工业构筑物立面效果呈现应着重考虑的因素。立面直接面向白桦林，给人以远景环境下的整体印象；底面则成为行人近距离感受空中廊道的主要界面。在对这两个界面的处理上，采用艺术家与建筑师"1+1"的设计策略，底面的厚重感与镜面金属的配合完美地诠释了历史与现代的对比。同时用镜面不锈钢材料处理烟囱局部表面，使得平整的镜面不锈钢界面产生自然随机的肌理，赋予人工载体以自然的信息。这种处理手法不仅使得冰冷的旧工业构筑物具备一定的温度，同时由于材料的镜面反射特性，加上自然随机的界面映射出的周围环境所呈现出来的镜像，体现出历史与当下的对话，如图 12-19 所示，镜像将周围的当下现实环境模糊、扭曲，仿佛历史影像的再现，体现了周围环境的变化与历史的变迁。

对于烟囱下部的储罐则采取局部置换的重构手法，将储罐原有的立面用不同的材料进行置换以达到新旧结合的目的。 在保留储罐结构的前提下，既强化了原结构强度，又使原有的立面呈现出一定的现代性。 新材料不仅与原有材料在分量感上有极大的反差，同时新增的红色、橙色的活泼色彩也为昔日布满岁月痕迹的界面增添了无限活力，如图 12-20 所示。

图 12-19　烟囱与周围环境　　　　　　　图 12-20　新旧材质对比

参 考 文 献

[1] 杨彩虹，郑淑敏，梁莉华，等.基于适应性的工业构筑物空间再生研究 [J].华中建筑，2019，37（8）：27-30.

[2] 江海涛，王巧雯，金文妍.旧工业水塔的改造及再生 [J].工业建筑，2015，45（1）：179-183.

[3] 王欣.筒仓类工业构筑物的改造再利用研究 [D].济南：山东建筑大学，2018.

[4] 王嘉，白韵溪，宋聚生.我国城市更新演进历程、挑战与建议 [J].规划师，2021，37（24）：21-27.

[5] 刘文焕，贾晓浒.体验视角下旧工业构筑物改造再利用研究 [J].工业建筑，2020，50（3）：64-68.

[6] 阳建强，陈月.1949—2019 年中国城市更新的发展与回顾 [J].城市规划，2020，44（2）：9-19+31.

[7] 季晨子，王彦辉.近现代工业遗产的演变历程与保护再利用研究——以晨光1865 创意产业园为例 [J].城市建筑，2019，16（28）：61-70.

[8] 何大笠.工业遗存再生利用后评价及其优化策略研究——以陕西老钢厂设计创意产业园为例 [D].西安：西安建筑科技大学，2021.

[9] 苗志兵.城市更新背景下重拾老旧社区文化记忆的人居环境改造研究 [D].成都：四川师范大学，2021.

[10] 朱勇.基于多元平衡视角的存量规划研究 [D].重庆：重庆大学，2016.

[11] 刘伯霞，刘杰，程婷，等.中国城市更新的理论与实践 [J].中国名城，2021，35（7）：1-10.

[12] 徐阳清.存量规划导向下芜湖市工业遗产评价与保护利用策略研究 [D].合肥：安徽建筑大学，2021.

[13] 林坚，叶子君，杨红.存量规划时代城镇低效用地再开发的思考 [J].中国土地科学，2019，33（9）：1-8.

[14] 宋思琪.存量发展背景下城市更新单元开发强度研究——以深圳为例 [D].大连：大连理工大学，2021.

[15] 侯汉坡，李海波，吴倩茜.产城人融合——新型城镇化建设中核心难题的系统思考［M］.北京：中国城市出版社，2014.

[16] 张辉，李建辉，武文学，等.旧有工业建筑筒仓改造施工技术［J］.建筑技术，2021，52（11）：1348-1351.

[17] 张明杰，冯静，陈静雅."大绿色观"本底下室内设计的价值重构与方法重塑［J］.城市建筑空间，2023，30（1）：2-6.

[18] 严心瞳，王卡，徐雷.嵌入商业场景的工业建筑遗产外立面传承性更新设计手法研究［J］.建筑与文化，2021，211（10）：130-131.

[19] 万丰登.基于共生理念的城市历史建筑再生研究［D］.广州：华南理工大学，2017.

[20] 申玲，曾德锐，皮黎明.工业遗产改造中烟囱的处理手法研究［J］.工业建筑，2018，48（2）：188-191.